安徽省高等学校"十三五"省级规划教材/安徽省省级精品课程配套教材

计算机应用基础
项目化教程

（第2版）

主　编　吕宗明　蔡冠群

副主编　张小奇　刘训星　苏文明　刘永志

编写人员（以姓氏笔画为序）

于中海　王　玉　王　利　吕宗明　刘训星

刘永志　苏文明　汪青华　何学成　张小奇

张宝春　胡　敏　龚　勇　焦小平　蔡小爱

蔡冠群　裴云霞　黎　颖　潘　文　瞿华礼

中国科学技术大学出版社

内 容 简 介

本书根据最新的《全国高等学校(安徽考区)计算机水平考试大纲(一级)》编写,从现代办公应用中所遇到的实际问题出发,采用"项目引导、任务驱动"的项目化教学编写方式,体现"基于工作过程""教、学、做"一体化的教学理念和实践特点。以 Windows 7 和 Office 2010 为平台,全书共分为 7 个学习情境,共 26 个项目,具体内容包括:了解计算机文化、轻松驾驭计算机、制作办公文档、制作电子报表、制作演示文稿、网络与 Internet 应用、常用工具软件的安装与使用。每个项目包含"任务效果""技术分析""任务实现""相关知识""能力提升"等内容。书中设置了二维码链接相关知识的微视频等学习资源,以利于学生深入学习。

图书在版编目(CIP)数据

计算机应用基础项目化教程/吕宗明,蔡冠群主编. —2 版. —合肥:中国科学技术大学出版社,2020.8(2024.1重印)

安徽省高等学校"十三五"省级规划教材

ISBN 978-7-312-04949-1

Ⅰ.计… Ⅱ.①吕… ②蔡… Ⅲ.计算机应用—教材 Ⅳ.TP3

中国版本图书馆 CIP 数据核字(2020)第 075203 号

计算机应用基础项目化教程
JISUANJI YINGYONG JICHU XIANGMUHUA JIAOCHENG

出版	中国科学技术大学出版社
	安徽省合肥市金寨路 96 号,230026
	http://press.ustc.edu.cn
	https://zgkxjsdxcbs.tmall.com
印刷	合肥市宏基印刷有限公司
发行	中国科学技术大学出版社
开本	787 mm×1092 mm 1/16
印张	17.25
字数	452 千
版次	2016 年 7 月第 1 版 2020 年 8 月第 2 版
印次	2024 年 1 月第 10 次印刷
定价	35.00 元

前　　言

本教材为安徽省高等学校"十三五"省级规划教材,是安徽省精品资源共享课程"计算机应用基础"的配套教材,根据教育部计算机基础教学指导委员会所发布的《关于进一步加强高等学校计算机基础教学的意见》和《高等学校非计算机专业计算机基础课程教学基本要求》,结合最新的《全国高等学校(安徽考区)计算机水平考试大纲(一级)》而编写。

"计算机应用基础"是高等院校非计算机专业学生的公共必修课程,是学生学习其他计算机相关技术课程的前导和基础课程。本教材从现代办公应用中所遇到的实际问题出发,采用"项目引导、任务驱动"的项目化教学编写方式,体现"基于工作过程""教、学、做"一体化的教学理念和实践特点。教材内容主要包括 Windows 7 操作使用、Office 2010 的综合应用以及 Internet 的基本应用等。本书具有如下特点:

1. 面向实际需求精选案例,注重应用能力培养

本着既注重培养学生自主学习能力、创新意识,又注意为今后的学习打下更好的基础的原则,精心选择了针对性、实用性极强的案例。每个项目案例均来自企业工程实践,具有典型性、实用性、趣味性和可操作性。

2. 以学习情境为主线,构建完整的教学设计布局

根据需要按照"任务效果"→"技术分析"→"任务实现"→"相关知识"→"能力提升"等内容展开,由浅入深,循序渐进,将知识点融入各任务中,学生在完成任务的过程中不仅掌握了相关计算机知识,还锻炼了分析问题、解决问题的能力,提升了信息素养。

3. 以立体化教学资源为载体,推进"互联网+教育"教学改革

本书提供包括教材、教案、课件、习题、实验、网络资源在内的丰富的立体化教学资源,每个知识点读者都可以扫码观看微视频学习,与教材配套的精品课程已在"超星泛雅"(https://mooc1-1.chaoxing.com/course/200992054.html)上线,读者可登录网站学习,也可以下载 APP 用移动终端学习,课程平台丰富的资源和互动功能既有利于教师开展翻转课堂等教学改革,也有助于学习者提高自主学习能力。

全书分为 7 个学习情境,共 26 个项目。另外,本书配套出版了《计算机应用基础项目化教程实训指导》，供读者学习。

　　本书由吕宗明、蔡冠群主编，张小奇、刘训星、苏文明、刘永志任副主编。参加编写的人员有瞿华礼、潘文、龚勇、裴云霞、黎颖、王玉、胡敏、蔡小爱、何学成、焦小平、于中海、张宝春、王利、汪青华等。在编写本书的过程中编者参考了相关文献，在此向这些文献的作者深表感谢。由于作者水平有限，书中难免有疏漏之处，恳请专家和广大读者批评指正。

编　者

目　　录

学习情境 6　网络与 Internet 应用

学习情境 7　常用工具软件的安装与使用

学习情境 1　了解计算机文化

项目 1.1　了解计算机

　　小张刚进入大学,之前在中学阶段由于学习任务重,虽然接触过计算机,但对计算机了解不多,现在进入大学,小张决定先了解计算机的发展历程,熟悉计算机的特点、分类和应用领域,并简单了解一下计算机未来的发展趋势。

任务 1.1.1　了解计算机的诞生与发展

 **任务效果**

　　小张通过学习本任务课程内容,将了解从世界上第一台计算机诞生到今天,计算机发展所经历的重要阶段;我国计算机发展的历史与现状;计算机的分类和应用领域。

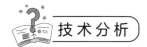 **技术分析**

通过不同的电子元器件,划分计算机发展的阶段。

计算机的发展、
组成及工作原理

 **任务实现**

1. 计算机的诞生与发展

（1）计算机的诞生

　　20 世纪,科学技术不断发展,带来了大量的数据处理问题,尤其是军事上对导弹轨道的计算对改进计算工具提出了更迫切的要求,电子计算机应运而生。世界上第一台电子数字计算机——ENIAC(Electronic Numerical Integrator and Calculator,电子数字积分计算机)于 1946 年在美国宾夕法尼亚大学研制成功。它是当时数学、物理等理论研究成果和电子管等电子器件相结合的结果。

　　ENIAC 是一个重达 30 吨的庞然大物,占地 170 m^2,全机用了 18 000 多个电子管、5 000多个继电器、10 000 多只电容器、7 000 多个电阻,功率为 150 kW,运算速度为每秒5 000次加法运算,存储容量为 17 000 多个单元。ENIAC 的功能虽然无法与今天的计算机相比,但它的诞生却是科学技术发展史上的一次意义重大的事件,标志着计算机时代的到来。

图 1.1 电子数字积分计算机(ENIAC)

2. 计算机的发展

(1) 计算机的发展

人类所使用的计算工具随着生产的发展和社会的进步,经历了从简单到复杂、从低级到高级的发展过程,计算工具相继出现了如算盘、计算尺、手摇机械计算机、电动机械计算机等。从 1946 年 ENIAC 在美国诞生开始,电子计算机在短短的 50 多年里经历了电子管、晶体管、集成电路和超大规模集成电路四个发展阶段,计算机的体积越来越小,功能越来越强大,价格越来越低,应用越来越广泛,目前正朝智能化计算机(第五代)方向发展。

① 第一代电子计算机。第一代电子计算机存在于 1946～1958 年。它们体积较大,运算速度较低,存储容量不大,而且价格昂贵,使用也不方便,为了解决一个问题,所编制的程序的复杂程度难以表述。这一代计算机主要用于科学计算,只在重要部门或科学研究部门使用。

② 第二代电子计算机。第二代计算机存在于 1958～1965 年,它们全部采用晶体管作为电子器件,其运算速度比第一代计算机提高了近百倍,体积却只有原来的几十分之一。在软件方面开始使用计算机算法语言。这一代计算机不仅用于科学计算,还用于数据处理及工业控制。

③ 第三代电子计算机。第三代计算机存在于 1965～1970 年。这一时期的计算机的主要特征是以中、小规模集成电路为电子器件,并且出现操作系统,使计算机的功能越来越强大,应用范围越来越广。它们不仅用于科学计算,还用于文字处理、企业管理、自动控制等领域,出现了计算机技术与通信技术相结合的信息管理系统,可用于生产管理、交通管理、情报检索等。

④ 第四代电子计算机。第四代计算机是指 1970 年以后采用大规模集成电路(LSI)和超大规模集成电路(VLSI)为主要电子器件制成的计算机。例如 80386 微处理器,在面积约为 10 mm×10 mm 的单个芯片上,可以集成大约 32 万个晶体管。

第四代计算机的另一个重要分支是以大规模、超大规模集成电路为基础发展起来的微处理器和微型计算机。

⑤ 第五代计算机。第五代计算机把信息采集、存储、处理、通信和人工智能结合在一

起,具有形式推理、联想、学习和解释能力。它的系统结构将突破传统的冯·诺依曼关于机器的概念,实现高度并行处理。

（2）我国计算机技术的发展概况

我国从 1956 年开始研制第一代计算机。1958 年研制成功第一台电子管小型计算机——103 计算机。1959 年研制成功运行速度为每秒 1 万次的 104 计算机,这是我国研制的第一台大型通用电子数字计算机,其主要技术指标均超过了当时日本的计算机,与英国同期已开发的世界上运算速度最快的计算机相比也毫不逊色。

20 世纪 60 年代初,我国开始研制和生产第二代计算机。1965 年研制成功第一台晶体管计算机——DJS-5 小型机,随后又研制成功并小批量生产 121、108 等 5 种晶体管计算机。

我国于 1965 年开始研制第三代计算机,并于 1973 年研制成功了集成电路通用数字电子计算机——150 计算机。150 计算机字长 48 位,运算速度达到每秒 100 万次,主要用于石油、地质、气象和军事部门。1974 年又研制成功了以集成电路为主要器件的 DJS 系列计算机。

1977 年 4 月,我国研制成功第一台微型计算机——DJS-050 计算机,从此开启了中国微型计算机的发展历史,我国的计算机发展正式步入第四代。

在国际科技竞争日益激烈的今天,高性能计算机技术及其应用水平已成为国家综合国力的一个标志。1983 年由国防科技大学研制成功的银河Ⅰ号亿次运算巨型计算机是我国自行研制的第一台亿次运算计算机系统。该系统的研制成功填补了国内巨型机的空白,使我国成为世界上为数不多的能研制巨型机的国家之一。1992 年,我国研制成功银河Ⅱ号 10 亿次通用并行巨型计算机。1997 年,我国研制成功银河Ⅲ号百亿次并行巨型计算机。该机的系统综合技术达到国际先进水平。1995 年 5 月曙光 1000 计算机系统研制完成,这是我国独立研制的第一套大规模并行计算机系统。1998 年曙光 2000-Ⅰ诞生,它的峰值运算为每秒 200 亿次。1999 年,曙光 2000-Ⅱ超级服务器问世,其峰值速度达到每秒 1 117 亿次,内存高达 50 GB。1999 年 9 月神威Ⅰ号并行计算机研制成功并投入运行,其峰值运算速度达到每秒 3 840 亿次,它是我国在巨型计算机研制和应用领域取得的重大成果,标志着我国继美国、日本之后,成为世界上第三个具备研制高性能计算机能力的国家。

近几年,我国的高性能计算机和微型计算机的发展更为迅速。曙光信息产业有限公司于 2003 年年末推出了全球运算速度最快的商品化高性能计算机——曙光 4000 A,它采用 2 192 个主频为 2.4 GHz 的 64 位处理器,运算峰值达每秒 10 万亿次,位居世界高性能计算机的第 10 位,进一步缩短了我国高性能计算机与世界顶级高性能计算机之间的差距。2002 年 9 月,我国首款可商业化、拥有自主知识产权的 32 位通用高性能微处理器——龙芯 1 号研制成功,标志着我国在现代通用微处理器设计方面实现了零的突破。2005 年 4 月,我国首款 64 位通用高性能微处理器龙芯 2 号正式发布,最高频率为 500 MHz,功耗仅为 3～5 W,已达到 Pentium Ⅲ 的水平。如今的龙芯 3 号系列为 64 位多核系列处理器,主要面向桌面和服务器等领域。

（3）计算机的发展趋势

未来的计算机以超大规模集成电路为基础,朝着巨型化、微型化、网络化、智能化与多媒体化的方向发展。

① 巨型化。随着科学技术的迅速发展,尤其是一些高端技术的快速发展,要求计算机具有更高的运算速度、更大的存储容量和更高的可靠性,从而促使计算机朝巨型化方向发展。

② 微型化。随着计算机应用领域的不断扩展,人们要求计算机的体积更小,重量更轻,能适用于各种场合,从而促使计算机向微型化方向发展。计算机的微型化是当前计算机最明显、最广泛的发展趋向。目前,便携式计算机、笔记本计算机都已逐步普及。

③ 网络化。随着网络技术的发展,我们可以把不同区域的计算机通过通信线路联成一个网络,以实现资源共享和信息交换。

④ 智能化。智能化是指具有"听觉""视觉""嗅觉"和"触觉",甚至具有"情感"等感知能力和推理、联想、学习等思维功能的计算机系统,能够解决复杂问题。

⑤ 多媒体化。多媒体技术是 20 世纪末兴起的一门跨学科的新技术,它使计算机不仅能处理文字和数字,还能处理图像、文本、音频、视频等多种媒介,使计算机的功能更加完善并提高了其应用能力。

任务 1.1.2　计算机的分类、特点和应用领域

任务效果

小张通过学习本任务课程内容,将了解计算机的分类和应用领域。

技术分析

通过计算机的分类了解计算机不同的应用领域。

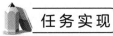

任务实现

1. 计算机的分类

按照信息、电子元件、规模和用途的不同,电子计算机也相应有不同的分类。下面主要介绍两种计算机分类方法。

（1）按用途划分

电子计算机按用途可以分为专用计算机和通用计算机两种。

专用计算机是指为完成某些特定的任务而专门设计研制的计算机,它的特点是在某一个领域是高效的,但是其功能单一、适应性较差。

通用计算机的用途广泛,可以完成不同的应用任务,其功能齐全,适应性较强,但其效率、速度和经济性相对于专用计算机要低一些。一般我们使用的计算机都是通用计算机。

（2）按计算机系统规模划分

"规模"主要是指计算机所配置的设备数量、输入输出量、存储量和处理速度等多方面的综合规模及能力。根据美国电气和电子工程师协会（IEEE）1989 年提出的划分标准，可以把计算机分成巨型机、小巨型机、大型主机、小型主机、工作站和个人计算机 6 类。

① 巨型机（supercomputer）。也称超级计算机，在所有计算机类型中其占地面积最大，价格最贵，功能最强大，其浮点运算速度最快，据《人民网》报道，2016 年我国的"神威·太湖之光"的超级计算机的峰值计算速度已达到 12.54 亿亿次每秒。目前多用于战略武器（如核武器和反导武器）的设计，空间技术，石油勘探，中、长期天气预报以及社会模拟等领域。巨型机的研制水平、生产能力及其应用程度，已成为衡量一个国家经济实力和科技水平的重要标志。

② 小巨型机（minisupercomputer）。这是小型超级电脑，或称桌上型超级计算机，出现于 20 世纪 80 年代中期，不仅功能低于巨型机，价格也远远低于巨型机。

③ 大型主机（mainframe）。或称大型电脑，覆盖通常所说的大、中型机。其特点是大型、通用，内存可达 1 GB 以上，整机处理速度高达 300～750 MIPS，具有很强的处理和管理能力，主要用于大公司、规模较大的高校和科研院所。在计算机向网络化发展的当前，大型主机仍有其生存空间。

④ 小型主机（minicomputer，minis）。结构简单，可靠性高，成本较低，用户不需要经过长期培训即可维护和使用，对于广大中、小用户较为适用。

⑤ 工作站（workstation）。介于个人计算机和小型机之间的一种高档微机，运算速度快，具有较强的联网功能，用于特殊领域，如图像处理、计算机辅助设计等。它与网络系统中的"工作站"在用词上相同，但含义不同。网络上的"工作站"泛指联网用户的结点，以区别于网络服务器，常常由一般的个人计算机充当。

⑥ 个人计算机（personal computer）。个人计算机（PC）是指一种大小、价格和性能适合于个人使用的多用途计算机。台式机、笔记本电脑、小型笔记本电脑、平板电脑以及超级本等都属于个人计算机。

2. 计算机的基本特点

（1）运算速度快

计算机的运算速度通常是指每秒所执行的指令条数。一般计算机的运算速度可以达到上百万次，目前最快的已达到 10 万亿次以上。计算机的高速运算能力，为完成那些计算量大、时间性要求强的工作提供了保证，例如天气预报。

（2）计算精确度高

计算机内部采用二进制数的表示方法，其有效位数越多，精确度也就越高，因此计算精确度可用增加位数（字长）来获得，还可通过算法来提高精度。

（3）具有很强的"记忆"和逻辑判断能力

计算机的存储器使计算机具有类似"记忆"的功能，它能够存储大量信息。由于计算机内部采用二进制数的表示方法，所以计算机除了能进行算术运算外，还能进行逻辑运算，做出逻辑判断，并根据判断的结果自动选择应执行什么操作。

（4）自动化程度高

由于采用存储程序工作方式，一旦输入所编制好的程序，只要给定运行程序的条件，计算机就开始工作直到得到运算处理结果,整个工作过程都可以在程序控制下自动进行,一般在运算处理过程中不需要人直接干预。对工作过程中出现的故障,计算机还可以自动进行"诊断""隔离"等处理。这是电子计算机的一个基本特点,也是它和其他计算工具最本质的区别所在。

(5) 存储容量大

计算机能够储存大量数据和资料,而且可以长期保留,还能根据需要随时存取、删除和修改其中的数据。目前的计算机配备了大容量的内存和外存,如微型机的内存容量可达数G,硬盘容量可达 T 级。

(6) 适用范围广,通用性强

计算机是靠运行程序进行工作的,在不同的应用领域中,只要编制和运行不同的应用程序,计算机就能在此领域中很好地提供服务,即通用性强。

3. 计算机的主要应用领域

目前,计算机已经渗透到社会生产生活的各个领域,产生了巨大的经济效益和社会影响,大体可分为以下几个方面。

(1) 科学计算

科学研究、工程技术中的计算是计算机应用的一个基本方面,也是计算机最早应用的领域。科学计算是指对于科学研究和工程技术中遇到的问题的求解,也称数值计算。数值计算的特点是计算公式复杂,计算量大和数值变化范围大,原始数据相应较少。对于这类问题,只有具有高速运算能力和信息存储能力的高精度的计算机系统才能完成。

(2) 数据处理

数据处理是指对数值、文字、图表等信息数据及时地加以记录、整理、检索、分类、统计、综合和传递,得出人们所要求的有关信息。它是目前计算机最广泛的应用领域。数据处理的特点是原始数据多,时间性强,计算公式比较简单。例如,银行用计算机记账,图书馆用计算机查书目、借书、查资料,学校用计算机统计学生成绩、管理学籍等。

(3) 过程控制

过程控制又叫实时控制,是指利用计算机采集、检测数据,按最佳值迅速对控制对象自动调节,从而实现有效的控制。它要求控制主体具有很快的反应速度和很高的可靠性,以提高产量、质量和生产率,改善劳动条件,节约原料消耗,降低成本,达到过程的最优控制,包括工业的流程控制、交通运输管理等。家用电器中也大量应用了计算机的自动控制功能,如电冰箱自动除霜、空调自动调风、电视的自动选台和遥控、洗衣机控制洗涤和甩干时间、微波炉控制加热时间和速度等。

(4) 计算机辅助系统

计算机辅助系统包括计算机辅助设计(computer aided design,CAD)、计算机辅助制造(computer aided manufacturing,CAM)、计算机辅助测试(computer aided test,CAT)、计算机辅助教育(computer aided education,CAE)和计算机模拟(computer simulation,CS)等。

计算机辅助设计是指通过计算机帮助各类设计人员进行设计,取代传统的从图纸设计到加工流程编制和调试的手工计算及操作过程,使设计速度得到提升,精度、质量得到提高。

计算机辅助制造是指用计算机进行辅助生产设备的管理、控制和操作的技术。

计算机辅助测试是指利用计算机处理大批量数据,完成各种复杂的测试工作。

计算机辅助教育包括计算机辅助教学(CAI)和计算机管理教学(CMI)。其中 CAI 可以通过教学软件帮助学生形象、直观地学习一些难于理解的知识,对于提高学生的学习兴趣和能力都具有很大的帮助。

计算机模拟是指利用计算机模拟进行工程、产品、决策的试验以及军事学习和训练等。

(5) 人工智能

人工智能是指使计算机能模拟人类的感知、推理、学习和理解等智能行为,实现自然语言理解与生成、定理机器证明、自动程序设计、自动翻译、图像识别、声音识别等。目前人工智能主要表现在机器人、专家系统与模式识别三个方面。

(6) 计算机网络

计算机网络是指利用通信设备和线路将不同地理位置的、功能独立的多个计算机系统连接起来所形成的"网"。利用计算机网络,可以使一个地区、一个国家,甚至世界范围内计算机与计算机之间实现软件、硬件和信息资源共享,这样可以大大促进地区间、国际间的通信与各种数据的传递与处理,同时也改变了人们的时空概念。计算机网络的应用已渗透到社会生活的各个方面。网络正在逐渐改变人们的生活方式和工作方式。

除了以上几种主要的应用外,计算机的应用领域还包括多媒体和家庭生活娱乐等领域。

 课后练习

单项选择题

1. 电子数字计算机最主要的特点是( )。

A. 高精度   B. 存储程序与自动控制

C. 高速度   D. 记忆力强

2. 最先实现存储程序的计算机是( )。

A. ENIAC   B. EDVAC

C. ENSAC   D. VNIVA

3. CAD 是计算机主要应用领域之一,它的含义是( )。

A. 计算机辅助教育   B. 计算机辅助测试

C. 计算机辅助设计   D. 计算机辅助管理

4. 目前我国自主生产的 CPU 是( )。

A. 长城   B. AMD3000

C. 酷睿 2   D. 龙芯

项目 1.2　理解计算机系统组成与工作原理

任务 1.2.1　理解计算机系统组成与工作原理

小张通过学习本任务课程内容,将了解到计算机的工作原理,并熟悉计算机的硬件和软件系统。

通过计算机组成图了解计算机的硬件构成和软件系统。

1. 计算机系统组成

计算机系统是一个整体的概念,一个完整的计算机系统包括硬件系统和软件系统两大部分。计算机系统的基本组成如图 1.2 所示,它们构成了一个完整的计算机系统。

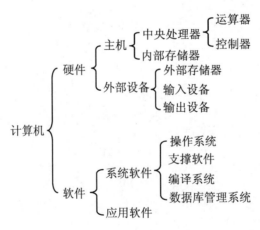

图 1.2　计算机系统

计算机硬件系统是指构成计算机的物理设备,是看得见、摸得到的物理实体的总称,是计算机进行工作的物质基础,是计算机软件运行的场所。

计算机软件系统是指在硬件设备上运行的各种程序以及文档的集合。程序是用户用于指挥计算机执行各种操作以完成指定任务的指令的集合;文档是各种信息的集合。

目前,我们所说的计算机一般都包括硬件和软件两个部分,而把不包括软件的计算机称为"裸机"。

(1)计算机硬件系统基本结构

计算机系统的硬件由运算器、控制器、存储器、输入/输出设备等组成,它们之间采用总线结构连接并与外部设备实现信息传送,其基本结构如图1.3所示。

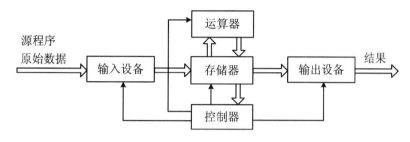

图1.3　计算机硬件系统基本结构

① 运算器。运算器又称算术逻辑单元(arithmetic logic unit,ALU),它是计算机对数据进行加工处理的部件,它的主要功能是对二进制数码的算术运算和逻辑运算。运算器在控制器的控制下实现其功能,运行结果由控制器送到内存中。

② 控制器。控制器是计算机的指挥中心,用来控制计算机各部件协调工作,并使整个处理过程有条不紊地进行。控制器的基本功能是从内存中提取指令和执行指令,然后根据该指令功能向有关部件发出控制命令,执行该命令,最后还要接收各部件返回的信息。

③ 存储器。存储器具有记忆功能,是计算机用来存储信息的重要功能部件。一般来说,存储器分为两种:内存储器和外存储器。

④ 输入/输出(I/O)设备。输入设备用来接收用户输入的程序和数据,并将它们转变成二进制存放到内存中。常用的输入设备有键盘、鼠标、扫描仪、光笔、麦克风、扫码枪等。输出设备用于将存放在内存中的信息显示或打印出来。常用的输出设备有显示器、打印机、绘图仪、音箱等。

(2)计算机软件系统

软件是指程序以及开发、使用和维护程序所需要的所有文档的集合。程序是完成指定任务的一系列指令的集合,程序可以用机器语言、汇编语言编写,也可以用高级语言编写。软件通常分为系统软件和应用软件两大类。

① 系统软件。系统软件是指控制计算机的运行,管理计算机的各种资源,并为应用软件提供支持和服务的一类软件。系统软件通常包括操作系统、语言处理程序和数据库系统。操作系统是为了合理、方便地利用计算机系统,而对其硬件资源和软件资源进行管理和控制的软件。由它来负责对计算机的全部软硬件资源进行分配、控制、调度和回收,合理地组织计算机的工作流程,使计算机系统能够协调一致、高效率地完成处理任务。操作系统是计算机最基本的系统软件,对计算机的所有操作都要在操作系统的支持下才能进行。常用的操

作系统有：Windows、Unix、Linux 和 DOS。

②应用软件。应用软件是为计算机在特定领域中的应用而开发的专用软件。应用软件由各种应用系统、软件包和用户程序组成。各种应用系统和软件包是提供给用户使用的针对某一类应用而开发的独立软件系统，如科学计算、工程设计、文字处理、辅助教学、游戏等方面的程序。在 Windows 环境下，微软公司的集成软件包——Microsoft Office 中的Word、Excel、PowerPoint 等都属于应用软件。

2. 计算机基本工作原理

（1）冯·诺依曼原理

目前，计算机基本工作原理都是基于以"存储程序"（将解题程序存放到存储器）和"程序控制"（控制程序顺序执行）为基础的设计思想。这个思想是美籍匈牙利数学家冯·诺依曼于 1945 年提出的，称为冯·诺依曼原理。根据这个原理，使用计算机前，要把处理的信息（数据）和处理的步骤（程序）事先编排好，并以二进制数的形式输入到计算机内存储器中，然后由计算机控制器严格地按照程序逻辑顺序逐条执行，完成对信息的加工处理。这种基于"存储程序"和"程序控制"原理的计算机，称为冯·诺依曼型计算机。

它包括以下 3 个方面的内容：

①计算机的硬件由五部分组成：输入设备、输出设备、运算器、存储器和控制器。

②计算机中的信息是以二进制表示的。

③程序是自动执行的（存储程序工作原理）。

目前存储程序工作原理仍然是计算机的基本工作原理。

（2）指令

计算机能够直接识别并执行的指令为机器指令。一台计算机可以识别许多机器指令，每一条指令都有不同的作用，计算机能够执行的全部指令集合称为指令系统。

一条指令由操作码和地址码两部分组成。

（3）程序的自动执行令

所谓的程序是指令的有序集合，即用计算机能够读懂的"语言"（即指令集合）进行解题，而解决问题的过程就是指令的有序组合过程，也称程序设计过程。

任务 1.2.2 微型计算机硬件系统与主要技术指标

任务效果

小张通过学习本任务课程内容，将了解微型计算机硬件的主要构成部件及相应技术指标。

技术分析

通过对硬件的详细介绍了解其各部件知识。

任务实现

1. 微型计算机硬件系统

目前计算机中发展最快,应用最广泛的是微型计算机。微型计算机的硬件配置一般由主机、显示器、键盘、鼠标等组成,如图1.4所示。

图1.4 常见的微型计算机

(1) 中央处理器(CPU)

运算器、控制器和一组寄存器,合在一个芯片上称为中央处理器,简称CPU(central processing unit),其外形如图1.5所示。

图1.5 常见的中央处理器(CPU)

(2) 主机板

主机板又称主板,是主机箱中的重要组成部分,是一块多层集成电路板,它将微机的各部件有机地连接起来,构成一个完整的硬件系统。主机板上有各种接口,可以插入其他扩展卡,用以扩展计算机的功能,提高计算机的性能和效率,如图1.6所示。

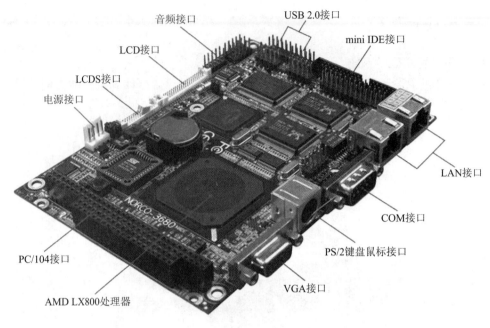

图1.6 主机板

① CPU插座。主板上用于安装CPU的插座。CPU插座有插卡式(slot)和针座式(socket)两种。

② 总线。总线是计算机中传输数据信号的通道,一般分为CPU总线、存储总线、系统总线和外部总线。CPU总线把CPU与控制芯片连接起来;存储总线用来连接控制器和存储器;系统总线用来与扩展槽相连接,以扩展系统的功能;外部总线用来连接外设控制芯片。

常见的总线标准有工业标准体系结构(ISA)、外围设备部件连接(PCI)和图形加速端口(AGP)3种。

根据总线上所传输信号的种类可将计算机总线分为3类:数据总线、地址总线、控制总线。

③ 主板插槽:

a. IDE插槽:用于连接硬盘和光驱,针脚为40个。

b. 内存插槽:黑色插槽,用于安装内存条。

c. ISA插槽:最长的黑色插槽,用于安装ISA总线结构的显示卡、声卡等。

d. PCI插槽:白色插槽,用于安装PCI总线结构的显示卡、声卡及内置调制解调器等,它是当前的主流插槽。

e. AGP插槽:以深棕色为主,用于安装AGP总线结构的显示卡。

④ 主板I/O接口:PC机与外部设备之间的数据交换要通过I/O接口,主要分为以下几类:

a. 串行接口(COM):主机板上一般有两个9针串行口——COM1和COM2,用来连接串行设备。

b. 并行接口:也叫打印口,共25针,一般用来连接打印机。

c. 键盘接口：5 针圆形插口，用于连接一般键盘。

d. PS/2 接口：用于连接 PS/2 口的键盘和鼠标。

e. USB 接口：它是新一代多媒体计算机的外部接口，它能将多个外部设备相互串联，最多可接 127 个外部设备，可以即插即用。

（3）内存储器

内存储器也称主存储器，简称主存或者内存，直接与 CPU 相连接，存储容量较小，运算速度快，是计算机信息交流的中心。

内存储器分为只读存储器（read only memory，ROM）、随机存储器（random access memory，RAM）和高速缓冲存储器（cache）。

① 只读存储器。只读存储器是指只能读数据，而不能往里写数据的存储器。ROM 一般用来存放计算机开机时所必需的数据和程序，它保存的信息不会因断电而消失。

② 随机存储器。随机存储器是计算机工作的存储区，用来存放计算机开机以后的临时数据和程序，断电后随机存储器中保存的信息会全部消失。

RAM 按信息存储方式可分为静态 RAM(SRAM) 和动态 RAM(DRAM)。RAM 通常由几个芯片组成一个内存条，可以很方便地插入主板的内存槽内，常见的内存条如图 1.7 所示。

图 1.7　内存条

③ 高速缓冲存储器。高速缓冲存储器指在 CPU 与内存之间设置一级或两级高速小容量存储器。一级 cache 被集成到 CPU 芯片内，其容量较小；二级 cache 固化在主板上，容量比一级 cache 大。在计算机工作时，系统先将数据由外存读入 RAM，再由 RAM 读入 cache，然后 CPU 直接从 cache 中读取数据进行操作。设置 cache 就是为了解决 CPU 和 RAM 速度不匹配问题。

（4）外存储器

外存储器又称辅助存储器，简称辅存或外存。外存的存储容量大，但存储速度较慢，一般用来存放暂时不用的数据、程序和中间结果。外存只能与内存交换信息，不能被计算机系统的其他部件直接访问。常用的外存有硬盘、光盘、U 盘、SD 卡等。

① 硬盘存储器。硬（磁）盘存储器由硬盘机和硬盘控制器组成。硬盘的存储原理和软盘类似，它由多个金属盘片组成，可以有多个磁头同时读写。数据在硬盘上是以扇区为单位

存取的,每个单位的地址由柱面号、磁头号和扇区号确定。每一扇区的容量一般为 512 B。硬盘的存储容量大,存取速度快。

为了便于区分不同的磁盘驱动器,每个磁盘驱动器都被分配一个字母代号。一般软盘为 A、B 驱动器,硬盘为 C 驱动器。

② 光盘存储器。光盘存储器由光盘和光盘驱动器组成。光盘存储容量大,常用的 CD-ROM 盘片可以存储 650 MB 的信息。

此外,光盘存储器还有一次写入型光盘和可擦写光盘两种。一次写入型光盘(write once read memory,WORM)简称 WO。WORM 可由用户写入数据,但只能写一次,写入后不能擦除修改。一次写入多次读出的 WORM 适用于用户存储不允许随意更改的文档。可用于资料永久性保存,也可用于自制多媒体光盘。

可擦写光盘(magneto optical,MO)是指能够重写的光盘,它的操作和硬盘完全相同,故称磁光盘。MO 可反复使用一万次,可保存 50 年以上。MO 磁光盘具有可换性、高容量和随机存取等优点,但速度较慢,单次投资较高。由于光驱不具备写入功能,故可擦写光盘要有刻录机(可擦写光盘驱动器)才能工作。

③ U盘。U盘(亦称为闪盘、优盘、魔盘)是一种可以直接插在通用串行总线 USB 端口上进行读写的新一代外存储器,如图 1.8 所示。它具有容量大、体积小、携带方便、保存信息可靠等优点,目前它已取代软盘被人们普遍使用。

④ SD卡。SD卡(secure digital memory card)是一种基于半导体快闪记忆器的新一代记忆设备。SD卡由日本松下、东芝及美国 SanDisk 公司于 1999 年 8 月共同开发研制。大小犹如一张邮票的 SD 记忆卡,重量只有 2 克,但却拥有高记忆容量、高速数据传输率、极大的灵活性以及很好的安全性,如图 1.9 所示。

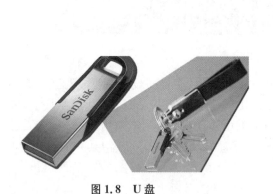

图1.8 U盘　　　　　　　　　　　　　　图1.9 SD卡

(5) 输入设备

① 键盘。键盘是用户向计算机发布命令和输入数据的设备,如图 1.10 所示。

键盘上键位的排列有一定的规律。其排列按用途可分为基本键区、功能键区、全屏幕编辑键区、小键盘区。

a. 基本键区。基本键区是操作键盘的主要区域,各种字母、数字、符号以及汉字等信息都是通过在这一区域的操作输入计算机的(数字及运算符还可以通过小键盘输入)。

图 1.10　键盘平面图

此键区的一些按键的作用如下:

◆ Caps Lock 键:大小写字母切换键。

◆ Enter 键:回车键或换行键。

◆ Shift 键:上档键,常与其他键或鼠标组合使用。

◆ Ctrl 键:控制键,常与其他键或鼠标组合使用。

◆ Alt 键:变换键,常与其他键组合使用。

◆ Backspace 键:退格键,按一次,消除光标左边的一个字符。

◆ Tab 键:制表键,按一次,光标跳 8 格。

b. 功能键。键盘操作一般有两大类:一类是输入具体的内容,另一类是代表某种功能。功能键区的键位就属于后一类,具体如下:

◆ Esc 键:一般用于退出某一环境或取消错误操作。

◆ 功能键(F1～F12):每一个键位具体表示什么操作由具体的应用软件来定义。不同的程序可以对它们的操作有不同的功能定义。

◆ PrtSc(Print Screen)键:这是屏幕复制键,利用此键可以截取屏幕上的内容。

◆ 暂停键(Pause/Break):操作时按一下该键,就可暂停程序的执行,如需要继续往下执行时,可以按任意一个字符键。

c. 全屏幕编辑区。编辑是指在整个屏幕范围内,对光标进行移动和有关的编辑操作。该键区的光标移动键在具有全屏幕编辑功能的程序中才起作用。该键区按键的作用如下:

◆ ↑、↓、←、→键:分别用于光标上移一行、下移一行、左移一列、右移一列。

◆ Home、End、Page Up、Page Down 键:光标移动键,它们的操作与具体软件的定义有关。

◆ Del 键:删除光标位置的一个字符。

◆ Insert 键:设置改写或插入状态。

d. 小键盘区(数字/全屏幕操作键区)的键位基本是其他键区的重复键位,是为提高纯数字数据输入速度而设立的。

◆ Num Lock。Num Lock 为控制转换键。当右上角的 Num Lock 指示灯亮时,表示小键盘的输入锁定在数字状态,当需要小键盘输入为全屏幕操作键的下档操作键时,可以按一下 Num Lock 键,可以看见 Num Lock 指示灯灭,此时表示小键盘已处于全屏幕操作状态,输入为下档全屏幕操作键。

② 鼠标。鼠标(Mouse)的主要用途是用来定位光标或用来完成某种特定的操作。常用的鼠标有两种:机械式和光电式,如图 1.11 所示。

按照鼠标按键数目的不同,鼠标可分为两键鼠标、三键鼠标和四键鼠标;按照鼠标与计算机连接方式来分,鼠标又可分为有线鼠标和无线鼠标两类。无线鼠标以红外线遥控,其遥控距离不能太长,通常在 2 米以内。

图 1.11　鼠标

使用鼠标时,通常是先移动鼠标,使屏幕上的光标定位在某一指定位置上,然后再通过鼠标上的按键来确定所选项目或完成指定的功能,鼠标有 5 种基本操作:指向、单击、双击、拖动和右键单击。

常见的其他输入设备有光笔、扫描仪、数码设备(相机、摄像机、MP3 播放器等)、触摸屏等。

(6) 输出设置

① 显示器。显示器是一种最重要的输出设备,它可以显示键盘输入的命令和数据,也可以将计算结果以字符、图形或图像的形式显示出来。显示器由监视器和显示控制适配器(显卡)两部分组成。监视器通过一个 9 针或 15 针的插头连接到主机箱内的显卡上。显示器件可分为 CRT 阴极射线管显示器、LCD 液晶显示器等。

② 打印机。打印机是计算机系统中常用的设备之一。它可以将计算机处理结果以各种图表、字符的形式打印在纸上。目前最常用的打印机按印字的工作原理可以分为击打式和非击打式两种。打印机常见的有针式打印机、喷墨打印机、激光打印机等,如图 1.12 所示。打印机与主机之间通过打印适配器连接。

图 1.12　打印机

打印机的技术指标主要有打印速度、打印分辨率、打印噪声等。打印速度常用每分钟输出纸张数来衡量,它决定了打印的效率;打印分辨率以每英寸多少点来衡量,它决定了打印的质量。

常见的其他输出设备还有绘图仪、投影仪等。

（7）其他多媒体设备

① 声卡和麦克风。声卡要连接麦克风（话筒）和音箱来使用。麦克风插在主板机箱后面的声卡的麦克风接口上（通常此接口上有一个话筒的标志），而音箱则连接在声卡的 Line Out 接口上。

② 网卡。网卡是一种将多台计算机连接在一起组建局域网的网络设备。

③ 调制解调器。调制解调器（Modem）俗称"猫"，其作用是将计算机与电话线连接起来，将模拟信号与数字信号进行相互转换。常用的调制解调器有 ISDN、DDN、ADSL 等，分内置式和外置式两种。

2. 计算机的主要技术指标

计算机性能是由体系结构、所用器件、配置、外部设备以及软件资源等多方面因素决定的。因此，评价一台计算机的性能，必须综合各项指标。计算机主要技术指标有字长、主频、存储容量、存储周期、磁盘容量、运算速度、外设配置和软件配置等。

（1）字长

字长是指计算机 CPU 内部运算器和寄存器的位数。微型计算机 CPU 的字长为 8～64 位，目前以 64 位居多。字长越长，运算精度越高。

（2）主频（时钟频率）

主频是时钟脉冲发生器所产生的时钟信号频率，用兆赫（MHz）为单位来表示。它用于协调计算机操作的节拍，决定了计算机处理信息的速度。对于微型计算机，常使用的时钟频率有兆、百兆、千兆。

（3）存储容量

指计算机系统配备的内存总字节数。

（4）存储周期

指存储器连续两次读取（或写入）所需的最短时间，半导体存储器的存储周期为几十到几百毫微秒之间。

（5）磁盘容量

磁盘容量就是硬盘、软盘和 U 盘存储器的大小，它反映了计算机存取数据的能力。目前台式机的硬盘容量通常有 256 G、512 G 和 1 T。

除了以上几个主要指标以外，还有一些评价计算机的综合指标，例如性能价格比、兼容性、系统完整性、安全性等。

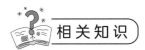 相关知识

1. 与存储器相关的术语

位（Bit）：存放一位二进制数，即 0 或 1。

字节（Byte）：8 个二进制位为一个字节。字节是衡量存储器的基本单位，简称 B。容量一般用 kB、MB、GB、TB 来表示，它们之间的关系是：1 kB＝1 024 B，1 MB＝1 024 kB，1 GB＝1 024 MB，1 TB＝1 024 GB。

地址:存储器由许多存储单元组成,每个存储单元可以存放若干位二进制代码(一般为8位)。为了有效地存取该单元中存储的内容,每个单元必须以唯一的物理编号来标识,此编号称为存储单元的地址。

2. 显示器的主要技术参数

屏幕尺寸:指矩形屏幕的对角线长度,以英寸为单位。

宽度比:屏幕横向与纵向的比例,一般为 4∶3。

点距:指屏幕上荧光点间的距离,它决定像素的大小,以及屏幕能达到的最高显示分辨率,点距越小越好。现有的点距规格有 0.20 mm、0.25 mm、0.28 mm 等。

像素:指屏幕上能被独立控制其颜色和亮度的最小区域,即荧光点,是显示画面的最小组成单位。屏幕上像素点的多少与屏幕尺寸和点距有关。

显示分辨率:指屏幕像素的点阵。通常写成(水平点数)×(垂直点数)的形式。分辨率越高屏幕越清晰。常用的分辨率有:1 024×768、1 024×1 024、1 600×1 200 等。

灰度和颜色:灰度指像素三基色的差别,用二进制数进行编码,位数越多级数越多。颜色种类和灰度等级的增加要受到显示存储器容量的限制。

刷新频率:每分钟屏幕画面更新的次数称为刷新频率。刷新频率越高,画面闪烁越小。在设置显示器刷新频率时,不要超过显示器允许的最高频率,否则有可能烧坏显示器,频率一般为 75 Hz。

 课后练习

一、选择题

1. 通常人们所说的一个完整的计算机系统应该包括( )。

A. 主机、键盘、显示器　　　　　B. 计算机及其外部设备

C. 系统硬件与系统软件　　　　　D. 硬件系统与软件系统

2. 下面 4 种存储器中,存取速度最快的是( )。

A. 磁带　　　　　　　　　　　B. 硬盘

C. 软盘　　　　　　　　　　　D. 内存储器

3. 在微型机中,VGA 的含义是( )。

A. 微型机型号　　　　　　　　B. 显示标准

C. 键盘型号　　　　　　　　　D. 显示器型号

4. 断电会使存储的数据自动丢失的存储器是( )。

A. RAM　　　　　　　　　　　B. ROM

C. 硬盘　　　　　　　　　　　D. 软盘

5. 微型机中的 CPU 是由( )。

A. 内存储器和外存储器组成　　　B. 微处理器和内存储器组成

C. 运算器和控制器组成　　　　　D. 运算器和寄存器组成

6. CAD 是计算机主要应用领域之一,它的含义是( )。

A. 计算机辅助教育　　　　　　　B. 计算机辅助测试

C. 计算机辅助设计　　　　　　　D. 计算机辅助管理

7. 存储器 RAM 是指(　　)。

A. 随机存储器　　　　　　　　　B. 顺序存储器

C. 高速缓冲存储器　　　　　　　D. 只读存储器

8. 微型计算机中硬盘工作时,应特别注意避免(　　)。

A. 光线直射　　　　　　　　　　B. 环境卫生不好

C. 强烈震动　　　　　　　　　　D. 噪声

9. 幼儿英语教学软件属于(　　)软件。

A. CAM　　　　　　　　　　　　B. CAD

C. CAS　　　　　　　　　　　　D. CAI

10. 邮局利用计算机对信件进行自动分拣的技术是(　　)。

A. 机器翻译　　　　　　　　　　B. 自然语言理解

C. 过程控制　　　　　　　　　　D. 模式识别

11. MIPS 是用以衡量计算机(　　)的性能指标。

A. 传输速率　　　　　　　　　　B. 存储容量

C. 字长　　　　　　　　　　　　D. 运算速度

12. 目前较流行的计算机酷睿处理器是属于(　　)。

A. "奔4"处理器　　　　　　　　B. 单核处理器

C. 双核处理器　　　　　　　　　D. 多核处理器

13. 某台计算机处理器型号为 CORE(TM) i5@2.60 GHz,其中 2.60 GHz 是指(　　)。

A. 总线宽度　　　　　　　　　　B. CPU 处理的宽度

C. CPU 的集成度　　　　　　　　D. CPU 主时钟频率

14. 计算机由五大部件组成,它们是(　　)。

A. CPU、控制器、存储器、输入设备、输出设备

B. 控制器、运算器、存储器、输入设备、输出设备

C. CPU、运算器、主存储器、输入设备、输出设备

D. CPU、控制器、运算器、主存储器、输入/输出设备

15. 计算机内存容量大小由(　　)决定的。

A. 地址总线　　　　　　　　　　B. 控制总线

C. 串行总线　　　　　　　　　　D. 数据总线

16. 运算器的主要功能是(　　)。

A. 进行算术运算　　　　　　　　B. 进行逻辑运算

C. 分析指令并进行译码　　　　　D. 实现算术运算和逻辑运算

17. 在计算机内存储器中,其内容由生产厂家事先写好的,并且一般不能改变的是
(　　)存储器。

A. SDRAM　　　　　　　　　　　B. DRAM

C. ROM　　　　　　　　　　　　D. SRAM

二、多项选择题

1. 主机主要由（　　）组成。

A. 存储器 　　　　　　　　　　B. 运算器和控制器

C. 指令译码器 　　　　　　　　D. I/O 接口电路

2. 计算机软件系统包括（　　）两部分。

A. 系统软件 　　　　　　　　　B. 编辑软件

C. 实用软件 　　　　　　　　　D. 应用软件

3. 计算机指令包括（　　）。

A. 原码 　　　　　　　　　　　B. 机器码

C. 操作码 　　　　　　　　　　D. 地址码

4. 在下列设备中，能作为计算机的输出设备的是（　　）。

A. 打印机 　　　　　　　　　　B. 绘图仪

C. 显示器 　　　　　　　　　　D. 键盘

5. 下面 4 种叙述中，正确的是（　　）。

A. 计算机键盘上的 Ctrl 键是起控制作用的，它必须与其他键同时按下才有作用

B. 键盘属于输入设备；外存储器既是输入设备，又是输出设备

C. 计算机指令是指挥 CPU 进行操作的命令，指令通常由操作码和操作数组成

D. 计算机使用过程中突然断电，内存 RAM 中保存的信息全部丢失，ROM 中保存的信息不受影响

6. 下面 4 种叙述中，错误的是（　　）。

A. 系统软件就是买来的软件，应用软件就是自己编写的软件

B. “指令系统”与“操作系统”的层次关系可以互换

C. 用机器语言编写的程序计算机可直接执行，高级语言编写的程序必须经过编译或解释才能执行

D. 一台计算机配了 FORTRAN 语言，就是说它一开机就可以用 FORTRAN 语言编写和执行程序

7. 下列（　　）不能决定微型计算机的性能。

A. 计算机的质量 　　　　　　　B. 计算机的价格

C. 计算机的主频 　　　　　　　D. 计算机的体积

8. 微型计算机连接打印机所用的接口类型通常有（　　）。

A. USB 接口 　　　　　　　　　B. 并行接口

C. 总线接口 　　　　　　　　　D. 显示器接口

9. 计算机对条形码的识别信息不属于（　　）。

A. 人读数据 　　　　　　　　　B. 机读数据

C. 输入数据 　　　　　　　　　D. 输出数据

10. 下列关于“电子计算机的特点”的论述中，正确的有（　　）。

A. 运算速度高 　　　　　　　　B. 运算精度高

C. 思考能力 　　　　　　　　　D. 运行过程能自动、连续进行

11. 在计算机中采用二进制的主要原因是( )。

A. 两个状态的系统容易实现　　　　　B. 运算法则简单

C. 十进制数无法在计算机中实现　　　D. 可进行逻辑运算

12. 计算机的外存与内存相比,其主要特点是( )。

A. 能存储较多信息　　　　　　　　　B. 能较长期保存信息

C. 存取速度快　　　　　　　　　　　D. 具有掉电保存功能

13. 关于U盘格式化的叙述中,( )是正确的。

A. 具有写保护功能的U盘可以格式化

B. 格式化将清除原盘上所有的信息

C. 已经格式化的U盘可以作为系统盘使用

D. U盘的格式化有快速和常规两种形式

14. 下列对微型计算机系统的描述,正确的有( )。

A. CPU管理和协调计算机内部各个部件的工作

B. CPU可以存储大量的信息

C. 主频是衡量CPU处理数据快慢的重要指标

D. CPU直接与硬盘进行信息交换

项目 1.3 数制与编码

在计算机内部,无论是存储过程、处理过程、传输过程,还是用户数据、各种指令,使用的全都是由 0、1 组成的二进制数,所以了解二进制数的概念、运算,不同数制间转换及二进制编码是十分必要的。本任务要求掌握常用数制、数制间相互转换相关知识,了解数值、西文字符和汉字的编码规则。

任务 1.3.1 数制与编码

数制与编码

小张通过学习本任务课程内容,将从只了解十进制发展到了解二进制、八进制、十六进制,并且会在各种进制之间进行换算。

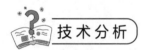

了解数制的基数和位权,学会数的正整数表达。

1. 数制

(1) 进位计数制

用进位的方法进行计数的数制称为进位计数制,简称进制。如逢十进一的十进制、逢二进一的二进制。无论是哪种进位计数制,我们可以把 P 进制数用统一的一般表达式来表示:

$$N = N_{n-1} \times P^{n-1} + N_{n-2} \times P^{n-2} + \cdots + N_1 \times P^1 + N_0 \times P^0 + N_{-1} \times P^{-1} + \cdots + N_{-m} \times P^{-m}$$

式中,N_i——第 i 位的数码(系数);

P——进位基数,即数码的个数,进位制不同,数码的个数不同;

P^i——位权;

n——整数部分位数,为正整数;

m——小数部分位数,为正整数。

十进制数是人们十分熟悉的计数体制。它用 0、1、2、3、4、5、6、7、8、9 十个数字符号,按照一定规律排列起来表示数值的大小。

任意一个十进制数,如 326 可表示为$(326)_{10}$或$(326)_D$。有时表示十进制数后的下标 10 或 D 也可以省略。

十进制的特点:

① 每一个位置(数码)只能出现十个数字符号 0～9 中的其中一个。通常把这些符号的个数称为基数,十进制数的基数为 10。

② 同一个数字符号在不同的位置代表的数值是不同的。

③ 十进制的基本运算规则是"逢十进一"。

各种进制数的对应关系如表 1.1 所示。

表 1.1　各种进制数的对应关系

十进制	二进制	八进制	十六进制
0	0000	0	0
1	0001	1	1
2	0010	2	2
3	0011	3	3
4	0100	4	4
5	0101	5	5
6	0110	6	6
7	0111	7	7
8	1000	10	8
9	1001	11	9
10	1010	12	A
11	1011	13	B
12	1100	14	C
13	1101	15	D
14	1110	16	E
15	1111	17	F

(2) 不同进制之间的转换

① 二进制、八进制和十六进制数转换成十进制数。任意 P 进制数转换为十进制数采用"按权展开相加"的方法就可以实现。

例:$(1101.01)_2 = 1 \times 2^3 + 1 \times 2^2 + 0 \times 2^1 + 1 \times 2^0 + 0 \times 2^{-1} + 1 \times 2^{-2} = 8 + 4 + 0 + 1 + 0 + 0.25 = (13.25)_{10}$

$(336)_8 = 3 \times 8^2 + 3 \times 8^1 + 6 \times 8^0 = (222)_{10}$

$(2AD)_{16} = 2 \times 16^2 + 10 \times 16^1 + 13 \times 16^0 = (685)_{10}$

② 十进制数转换成二进制数。把十进制数转为二进制数,要对整数部分与小数部分分

别处理。

a. 整数部分的转换。整数部分的转换采用"除 2 取余法",即用 2 多次除被转换的十进制数,直至商为 0,每次相除所得余数,按照第一次除 2 所得余数是二进制数的最低位,最后一次相除所得余数是最高位,排列起来,便是对应的二进制数。

例:将 $(205)_{10}$ 转换成二进制数

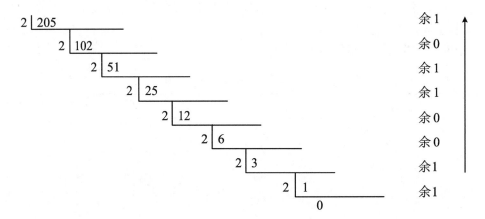

b. 小数部分的转换。小数部分的转换采用"乘 2 取整法",即用 2 多次乘被转换的十进制数的小数部分,每次相乘后,所得乘积的整数部分变为对应的二进制数。第一次乘积所得整数部分就是二进制数小数部分的最高位,其次为次高位,最后一次是最低位。

例:将 $(0.625)_{10}$ 转换成二进制数

$$
\begin{array}{r}
0.625 \\
\times \quad 2 \\
\hline
1.250 \quad \text{整数 1} \\
0.250 \\
\times \quad 2 \\
\hline
0.500 \quad \text{整数 0} \\
\times \quad 2 \\
\hline
1.000 \quad \text{整数 1}
\end{array}
$$

在实际转换中,不是任意十进制小数都能用有限位二进制数精确表示的,此时可按精度要求取足够的位数。

③ 二进制数与八进制数之间的转换。

a. 二进制数转换成八进制数。因为三位二进制数正好表示 0～7 八个数字,所以一个二进制数要转换成八进制数时,以小数点为界分别向左向右开始,每三位分为一组,一组一组地转换成对应的八进制数字。若最后不足三位时,整数部分在最高位前面加 0 补足三位再转换;小数部分在最低位之后加 0 补足三位再转换。然后按原来的顺序排列就可以得到八进制数了。

例:$(11\ 010\ 111.010\ 1)_2 = (327.24)_8$

b. 八进制数转换成二进制数。如果由八进制数转换成二进制数时,只要将每位八进制数字写成对应的三位二进制数,再按原来的顺序排列起来就可以了。

例:$(27.461)_8 = (010\ 111.100\ 110\ 001)_2$

④ 二进制数与十六进制数之间的转换。因为四位二进制数正好可以表示十六进制的 16 个数字符号,所以一个二进制数要转换成十六进制数时,以小数点为界分别向左向右开始,每四位分为一组,一组一组地转换成对应的十六进制数。若最后不足四位时,整数部分在最高位前面加 0 补足四位再转换;小数部分在最低位之后加 0 补足四位再转换。然后按原来的顺序排列就得到十六进制数了。

例:将 110111110.100101111 转换成十六进制数

$$(1\ 1011\ 1110.1001\ 0111\ 1)_2 = (1BE.978)_{16}$$

相反,如果由十六进制数转换成二进制数,只要将每位十六进制数字写成对应的四位二进制数,再按原来的顺序排列起来就可以了。

例:将 $(6AB.7A54)_{16}$ 转换为二进制数

$$(6AB.7A54)_{16} = (11010101011.01111010010101)_2$$

2. 编码

计算机从键盘上接收的数据都是字符形式的,但是计算机只能存储二进制数,这就需要对这些字符进行编码。

(1) 数值型信息的编码

在计算机中,因为只有 0 和 1 两种形式,为了表示数的正、负号,也必须以 0 与 1 表示。通常一个数的最高位定义为符号位,用 0 表示正数,用 1 表示负数,该位称为数符。

同时为了方便运算,对有符号数常采用三种表示形式,即原码、反码、补码。

① 原码。正数的符号位为 0,负数的符号位为 1,其他位用数的绝对值表示。通常 X 的原码表示为 $[X]_原$。

例如:$[1]_原 = 00000001$ $[-1]_原 = 10000001$

② 反码。正数的反码与原码相同,负数的反码的符号位为 1,其余各位对原码按位取反。

例如:$[1]_反 = 00000001$ $[-1]_反 = 11111110$

③ 补码。正数的补码与原码相同,负数的补码的符号位为 1,其余各位为反码并在最低位加 1。引入补码后,可以简化运算,使减法统一变为加法。

例如:$[102]_补 = 01100110$ $[-102]_补 = 10011010$

注意:0 有唯一的编码,即 0 的 -0 与 +0 的补码都是 00000000。

(2) 字符型信息的编码

① ASCII 码。ASCII(American Standard Code for Information Interchange)是美国信息交换标准代码,它需 7 位二进制编码,再加 1 个奇偶校验位,一共 8 位,ASCII 字符编码表如表 1.2 所示。

表 1.2　7 位 ASCII 码字符编码表

位数 位数				W7	0	0	0	0	1	1	1	1
				W6	0	0	1	1	0	0	1	1
				W5	0	1	0	1	0	1	0	1
W4	W3	W2	W1	列 行	0	1	2	3	4	5	6	7
0	0	0	0	0	空白(NUL)	转义(DLE)	SP	0	@	P	'or'	P
0	0	0	1	1	序始(SOH)	机控 1(DC1)	!	1	A	Q	a	q
0	0	1	0	2	文始(STX)	机控 2(DC2)	"	2	B	R	b	r
0	0	1	1	3	文终(ETX)	机控 3(DC3)	#	3	C	S	c	s
0	1	0	0	4	送毕(EOT)	机控 4(DC4)	$	4	D	T	d	t
0	1	0	1	5	询问(ENQ)	否认(NAK)	%	5	E	U	e	u
0	1	1	0	6	承认(ACK)	同步(SYN)	&	6	F	V	f	v
0	1	1	1	7	告警(BEL)	组终(ETB)	'or'	7	G	W	g	w
1	0	0	0	8	退格(BS)	作废(CAN)	(	8	H	X	h	x
1	0	0	1	9	横表(HT)	载终(EM)	)	9	I	Y	i	y
1	0	1	0	10	换行(LF)	取代(SUB)	*	:	J	Z	j	z
1	0	1	1	11	纵表(VT)	扩展(ESC)	+	;	K	[	k	{
1	1	0	0	12	换页(FF)	卷隙(FS)	,	<	L	\	l		
1	1	0	1	13	回车(CR)	群隙(GS)	—	=	M	]	m	}
1	1	1	0	14	移出(SO)	录隙(RS)	,	>	N	↑	n	～
1	1	1	1	15	移入(SI)	无隙(US)	/	?	O	←	o	DEL

例如:"A"字符的 ASCII 码是 1000001。若用十六进制数可表示为(41)$_H$,若用十进制数可表示为(65)$_D$。"a"字符的 ASCII 码是 1100001。若用十六进制数可表示为(61)$_H$,若用十进制数可表示为(97)$_D$。

② 汉字编码。英文是拼音文字,采用不超过 128 种字符的字符集就能满足英文处理的需要。但是,汉字是象形字,种类繁多,编码比较困难,并且它在输入、输出、存储和处理过程中所使用的汉字代码是不相同的,汉字编码比 ASCII 码复杂。

a. 国标码。1980 年,我国颁布了《信息交换用汉字编码字符集·基本集》(GB 2312—80)。它是汉字交换码的国家标准,简称"国标码",也称汉字交换码。该标准收入了 7 445 个汉字及符号。其中一级汉字 3 755 个,汉字的排列顺序为拼音字母顺序;二级汉字 3 008 个,排列顺序为偏旁部首顺序;图形符号 682 个。国标码规定,每个字符由一个 2 字节代码组成。每个字节的最高位恒为"0",其余 7 位用于组成各种不同的码值。两个字节的代码,共可表示 16 384(128×128)个符号,而国标码的基本集目前有 7 445 个符号,足够使用。

b. 汉字机内码。汉字机内码是一种机器内部编码,也称为内码,主要用于统一不同系统之间所有的不同编码。

为了避免 ASCⅡ 码和国标码同时使用时产生二义性问题,大部分汉字系统都采用将国标码每个字节最高位置 1 作为汉字机内码。

c. 汉字输入码。这是用计算机标准键盘上按键的不同排列组合来对汉字的输入进行编码。常用的汉字输入法有拼音法、智能 ABC 法和五笔字型法。

注意:无论采用哪一种汉字输入法,当用户向计算机输入汉字时,存入计算机中的总是它的机内码,与所采用的输入法无关。输入码是用户选用的编码,也称为"外码",而机内码则是供计算机识别的"内码",其码值是唯一的。两者之间通过键盘管理程序实现自动转换。

d. 汉字字形码。汉字字形码,又称为汉字字模,用于显示、打印文字。通常汉字显示和打印使用点阵(图 1.13)和矢量表示法。

点阵码分为 16×16、24×24、32×32、48×48 等。点数愈多,打印的字体愈美观,但汉字库占用的存储空间也愈大。例如,一个 24×24 的汉字占用的空间为 72 个字节,一个 48×48 的汉字将占用 288 个字节。汉字之所以能在屏幕上显示,就是这些字节中的二进制位为 0 的对应的点为暗;二进制位为 1 的对应的点为亮,如图 1.13 所示。

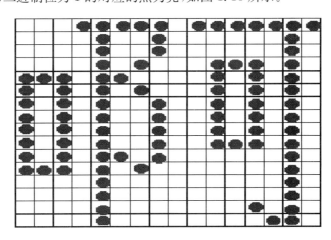

图 1.13 "啊"字的点阵外形

矢量表示法存储的是描述汉字字形的轮廓特征,当输出汉字时,通过计算机的计算,由汉字字形描述生成所需大小和形状的汉字点阵。矢量化字形描述与最终文字显示的大小、分辨率无关,因此可以实现高质量的汉字输出。

e. 汉字地址码。每个汉字字形码在汉字库中的相对位移地址称为汉字地址码,要输出汉字时,必须使用地址码才能在汉字库中找到所需的字形码,最终在输出设备上形成可见的汉字字形。地址码与机内码之间存在对应转换关系。

图 1.14 为汉字信息处理中汉字编码及流程图。

图 1.14 汉字信息处理系统模型

能力提升

Windows 操作系统附件内的程序"计算器"可方便快速地进行进制换算。使用步骤如下:点击"开始"菜单→所有程序→附件→计算器,运行计算器程序,在计算器的界面点击"查看"菜单→程序员,如图1.15所示。

图 1.15 利用"计算器"进行数制转换

选择一种进制输入一个数,如,在二进制下输入10010011,然后再点击"十进制",编辑框就出现十进制数147,轻松实现进制转换。

课后练习

选择题

1. 在 16×16 点阵字库中,存储一个汉字的字模信息需用的字节数是(   )。

A. 8   B. 24

C. 32   D. 48

2. 对照 ASCII 码表,下列有关 ASCII 码值大小关系描述正确的是(   )。

A. "a"<"A"<"1"   B. "2"<"F"<"f"

C. "G"<"4"<"c"   D. "an"<"W"<"6"

3. 将二进制数 10001 转换为十进制数应该是(   )。

A. 16   B. 17

C. 15   D. 19

4. 与十进制数 135 等值的二进制数是(   )。

A. 1000011   B. 1000010

C. 10001000   D. 10000111

学习情境 2　轻松驾驭计算机

项目 2.1 组装计算机

小霞打算买一台电脑,她到了电脑公司,到底买兼容机还是品牌机,她犹豫不决:品牌机的价格普遍都很高,但配置不高,相对品牌机来说,兼容机的性价比就明显高了很多。但是,怎样组装一台理想的计算机呢?具体要掌握的知识与技能如下:

① 熟悉微型计算机的安装流程。

② 掌握主板、电源和显卡安装技巧。

③ 掌握 CPU 和存储器安装技巧。

任务 2.1.1 组装计算机

小霞借助本任务所学的知识,完成了微型计算机的组装,效果如图 2.1 所示。

图 2.1 组装完毕的微型计算机的效果图

① 了解微型计算机硬件设备的功能。

② 熟悉微型计算机的组装流程。

任务实现

1. 装机准备工作

（1）收集最新电脑硬件行情

① 使用百度搜索收集最新电脑硬件行情。打开百度网站，输入关键字——"电脑硬件行情"，查阅电脑硬件行情信息，如图2.2所示。

组装计算机

图2.2　查询最新电脑硬件行情

② 在中关村在线（http://www.zol.com.cn/）查阅最新电脑硬件行情。

（2）学习装机配置

① 使用百度搜索DIY论坛，交流学习装机中的配置问题。打开百度网站，输入关键字"电脑DIY论坛"或"电脑硬件论坛"。

② 在"本友会"DIY硬件论坛（http://benyouhui.it168.com）查阅最新电脑硬件行情，将相关情况记入表2.1。

表2.1　电脑硬件配置表

配置	品牌型号	数量	价格
CPU			
主　板			
内　存			
硬　盘			

续表

配置	品牌型号	数量	价格
显 卡			
机 箱			
电 源			
散热器			
显示器			
鼠 标			
键 盘			
键鼠装			
音 箱			
光 驱			

2. 硬件的准备

因为电脑的硬件存在兼容性问题,在组装时一定要注意型号是否匹配、参数是否正确。主要准备配件有:电源、CPU、主板、内存条、硬盘、显卡、机箱。

(1) 电源

在电源的选择上主要注意的是功率的问题,如果功率存在问题,很容易造成短路。电源功率的大小取决于显卡的要求,有些独立显卡对电源功率的要求比较高,要求必须达到指定的功率才能运行,如图2.3所示。

图 2.3 电源

(2) CPU、主板和内存条

CPU 是一台电脑的核心,如果 CPU 配置不当,根本不能把整机的潜力发挥出来。主板一般为矩形电路板,上面集成了组成计算机的主要电路系统,一般来说购买主板和 CPU 时一定要注意它们的型号要相互匹配。

内存条是 CPU 可通过总线寻址并对其进行读写操作的电脑部件。一般来说,内存条是以代数来区分的,目前主流的是 4 代内存(DDR4)。在内存条的选择上,主要根据电脑的主板支持程度来选择,如图 2.4 所示。

图 2.4　内存条

（3）显卡

显卡的全称是显示接口卡,是一台电脑较为基本的配置及较为重要的配件之一。我们组装电脑如果只是为了日常工作、学习,选择一款中低端的显卡就足够了。但是如果是为了娱乐的话,则可以选择一些千元以上价位的显卡。

（4）硬盘

硬盘是电脑的存储媒介之一,它由一个或者多个铝制或者玻璃制的碟片组成。硬盘可以分为机械硬盘和固态硬盘,前者物美价廉,后者价格较高,但是读取速度极快。现在大家在装机的时候基本上都选择机械硬盘搭配固态硬盘,把固态盘作为系统盘,从而加快游戏的启动速度和读取速度。

（5）机箱

机箱的功能基本上就是把电脑各个零部件组合起来,把它们更安全、更稳定地固定到一起。在机箱的选择上,没有特别的要求的话,可以根据自己的喜好购买一个外形好看的机箱,如图 2.5 所示。

图 2.5　机箱

3. 硬件的安装

组装一台微型计算机应该说是一件比较简单的事情。装机时最主要的工具就是一把带有磁性的梅花螺丝刀。由于微机的配件多数都含有精密的电子元器件,它们都害怕静电,所以我们在组装之前应先触摸大块的金属物品或者用清水洗手以消除静电。

(1) 安装主板

主板上的CPU及内存安装好后,接下来就可以把主板固定在机箱底板上了。主板上一般有5到7个固定孔,底板上也有很多螺钉孔,要选择合适的孔和主板上的孔相匹配。选好以后,把固定螺钉旋紧在底板上(现在大多数底板上已经安装了固定柱),然后把主板小心地放在上面,注意将主板上的键盘口、鼠标口、串并口等和机箱背面挡片上的孔对齐,使所有螺钉对准主板的固定孔,依次把每个螺钉安装好。主板应与底板平行,绝不能搭在一起,否则容易造成短路。

(2) 安装CPU和风扇

主板上CPU的插槽有两种:socket插槽和slot插槽。下面以常见的socket插槽为例介绍CPU的安装方法。

将主板放置在桌面上,最好在主板下面垫上柔软的海绵。仔细观察主板上的CPU插座(如图2.6所示),会发现其中一个角比其他的角少一个插孔,CPU本身也是如此(缺针)。在插座的左侧有一个小扳手,只要拉起这个扳手,将CPU缺针位置与插座缺孔位置相对,轻轻将CPU(如图2.7所示)的各针脚插入插槽的插孔中,然后再将扳手复位即可。

图2.6 主板上的socket插座　　　　图2.7 CPU

由于CPU发热量比较大,所以安装好CPU后,还需要安装散热风扇,以免CPU被烧坏。以采用最多的卡夹式风扇为例,只要将散热风扇的卡夹套在CPU插座的卡槽上即可。最后将CPU风扇的电源线接到主板上的CPU风扇电源接头上。

(3) 安装内存条

安装内存条时,先把主板上内存插槽两端的白色卡子向两边扳开,然后将内存条插入其中,内存条上的缺口必须和插槽的凸点相对应。用两个拇指轻轻把内存条推进插槽中,插槽两边的弹簧卡子会把内存牢牢地卡住,如图2.8所示。

(4) 安装显示卡

先将机箱上与AGP显示卡插槽对应的挡板去掉,然后将显示卡(如图2.9所示)以垂直于主板的方向插入主板上的深褐色的AGP显示卡插槽(如图2.10所示)中。用力适中将其插到插槽底部,保证卡和插槽的良好接触。最后用螺钉将显示卡固定在机箱上。

图 2.8 安装内存条

图 2.9 AGP 显示卡

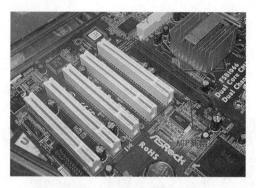

图 2.10 AGP 显示卡插槽

（5）安装电源

主板上的电源分为 AT 电源和 ATX 电源两种。ATX 电源的好处是可以实现"软件关机"。目前市场上流行的主板一般所配电源均为 ATX 电源。

安装电源比较简单,把电源放在机箱电源固定架上,使电源后部的螺丝孔和机箱上的螺丝孔一一对应,然后拧上螺丝。最后将 ATX 电源的 20 针长方形插座接入主板的 ATX 电源接口中,注意不能接反。

（6）安装声卡、网卡等各种扩展卡

现在的声卡、网卡等接口卡都是 PCI 接口的。主板上一般都有 2～4 个 PCI 插槽。安装板卡时,选择一个插槽安装就可以了。为了增强散热能力和避免信号干扰,应尽量将各卡隔得远一些。按照前面安装显示卡的方法将各卡插入主板的 PCI 插槽中,然后用螺钉将其固定在机箱上。

（7）硬盘、光盘驱动器的安装

台式机中最常用的硬盘是 3.5 英寸的硬盘。机箱面板上一般都有 1～2 个 3.5 英寸硬盘的安装位置。将硬盘有数据接口和电源接口的一端朝向机箱后部,电路板的那一面向下,轻轻放入机箱 3.5 英寸硬盘安装位置,如图 2.11 所示,然后用 4 颗螺钉将其固定,光驱的安装方法基本和硬盘相同。

图 2.11　硬盘安装

4. 硬件的连接

（1）接机箱接线

机箱面板上有许多线头，它们将连接开关、喇叭和硬盘指示灯等，须将它们连接到主板上，如图 2.12 所示。

图 2.12　机箱前面板上的连线

① 电源开关总线。电源的开关接线是一个两芯的接头，它和 reset 的接头一样，按下时短路，松开时开路，按一下电脑的总电源就被接通了，再按一下就关闭。将它插入主板的 power 插针上，如图 2.13 所示。

② reset 开关线。这是一个两芯的接头，连着机箱的 reset 键，应将其接到主板上的reset 插针上。reset 键是一个开关，按下它时产生短路，手松开时又恢复开路，瞬间的短路就可使电脑重新启动，如图 2.14 所示。

图 2.13　电源开关面板线

图 2.14　复位键面板线

③ 硬盘指示灯连线。硬盘指示灯的两芯接头,1 线为红色。在主板上,对应的插针通常标着 IDE LED 或 HDD LED 的字样,连接时要红线对 1 脚,如图 2.15 所示。这条线接好后,当电脑在读写硬盘时,机箱上的硬盘灯会亮。

④ 电源指示灯连线。电源指示灯的接线是一个三芯接头,使用 1、3 位,1 线通常为绿色。在主板上,插针通常标记为 power,连接时注意绿色线对应于第一针,如图 2.16 所示。当它连接好后,电脑一打开,电源灯就一直亮着,指示电源已经打开了。

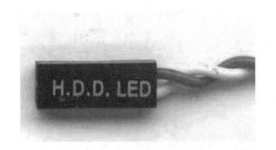

图 2.15　硬盘指示灯面板线

图 2.16　电源指示灯面板线

⑤ PC 喇叭面板接线。PC 喇叭的四芯接头,实际上只有 1、4 两根线,1 线通常为红色,它要接在主板的 speaker 插针上。在连接时,注意红线对应 1 的位置,如图 2.17 所示。

(2) 硬盘和光盘驱动器的连接

硬盘数据线是 80 芯的,有 3 个接头(如图 2.18 所示),它们不分顺序。其中两个接头连接硬盘和光驱,第三个接头接到主板主 SATA 接口上,数据线上都有一根彩色线,一般为红线,接线原则是色线对应接口上第一根针,主板

图 2.17　PC 喇叭面板线

上的接口和设备接口都是这样的。先接好主板这头,再接光驱,再接硬盘。图 2.19 所示为硬盘数据线的连接和硬盘电源线的连接。

图 2.18　硬盘和光驱数据线　　图 2.19　硬盘数据线与电源线

最后再将电源上的插头插入光盘、光驱驱动器相应的插口中。因为电源插头都为梯形，与插口适配，一般不会插错。

（3）连接显示器

连接显示器的信号线，15 针的信号线外框为梯形，将其接在显示卡上，电源接在主机电源上或直接接电源插座。注意操作时不要用力太猛。

（4）连接键盘和鼠标

目前市场上流行的键盘和鼠标都采用 PS/2 接口或 USB 接口，对于 PS/2 接口一般计算机上都有颜色区别，只要将接口颜色和鼠标或键盘插头颜色相对应即可。对于 USB 接口的键盘和鼠标，只要有 USB 接口接入就可以了。

5. 加电测试整机

最后，要对整个计算机硬件系统进行加电开机测试。我们可以给计算机加电测试以检验其是否能正常工作。接通机箱电源，按下主机面板上的电源开关后，机器中的设备开始运转，其中 CPU 风扇、机箱电源风扇会发出"嗡嗡"的声音，伴随着喇叭"嘟"的一声，显示器出现系统提示信息，此时系统正在执行自检程序，表明机器可以正常启动。

如果有问题，需要重新检查设备的连接情况，耐心分析原因，将故障排除。

至此，一台计算机已经组装成功。紧接着就是设置系统和安装软件。在安装操作系统前要进行 CMOS 设置、硬盘分区、硬盘格式化等操作，其后安装操作系统、安装显示卡和声卡以及网卡驱动程序、安装应用软件等，完成这些操作后，才能真正使用计算机。

 相关知识

1. 安装与设置打印机

（1）安装打印机

首先将打印机连接在计算机上，并开启电源。如果打印机是第一次连接，Windows 7 操作系统一般会自动检测并安装驱动程序。如果系统未检测到打印机，用户可以自行打开"添加打印机向导"对话框。

在"开始"菜单的右侧选择"设备和打印机"选项，或在"控制面板"选择"查看设备和打印机"选项，打开"设备和打印机"窗口。

在工具栏单击"添加打印机"按钮，启动"添加打印机向导"对话框。选择"添加本地打印

机"选项,如图 2.20 所示。

图 2.20 设置"添加打印机"

选择"使用现有接口"选项。

首先在左窗口选择打印机的生产"厂商",然后在右窗口选择型号。例如,选择"Canon Inkjet Pro 9000"。

在"打印机名称"文本框键入打印机的名字。

开始安装打印机驱动程序。安装完毕,设置是否共享。

选择"设置为默认打印机",可以单击"打印测试页"按钮打印一张测试页。单击"完成"按钮,结束打印机安装。

(2) 设置打印机的属性

启动"设备和打印机"窗口,用鼠标右击打印机图标,在快捷菜单中选择"打印机属性"命令,打开"打印机属性"对话框,如图 2.21 所示。

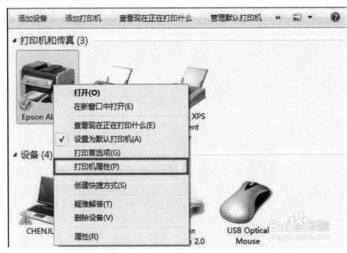

图 2.21 设置"打印机属性"

单击"常规"选项卡,可以输入"注释"说明;单击"首选项"按钮,可以对纸张、打印方向、纸张来源和介质选择进行设置;单击"打印测试页"按钮,可以打印测试页。

单击"共享"选项卡,可以设置打印机的网络共享。

单击"高级"选项卡,可以设置打印机的优先级及更新驱动程序。

设置默认打印机:在"设备和打印机"窗口,用鼠标右击选中的"打印机"图标,在快捷菜单中选择"设置为默认打印机"命令。

 能力提升

1. 硬盘分区

硬盘分区是指将硬盘的整体存储空间划分成多个独立的区域,分别用来安装操作系统、应用程序以及存储数据文件等。但在分区之前,应该做一些准备及计划工作,包括一块硬盘要划分为几个分区,每个分区应该有多大的容量,以及每个分区准备使用什么文件系统等。对于某些操作系统而言,硬盘必须在分区后才能使用,否则不能被识别。通常,从文件存放和管理的快捷性出发,建议将硬盘划分多个分区,用以存放不同类型的文件,如存放操作系统、应用程序、数据文件等。

硬盘分区是在一块物理硬盘上创建多个独立的逻辑单元,这些逻辑单元就是 C 盘、D 盘、E 盘等。硬盘分区从实质上说就是对硬盘的一种格式化。

2. 硬盘格式化

格式化是指对磁盘或磁盘中的分区(partition)进行初始化的一种操作,该操作通常会导致被格式化磁盘或分区中所有的文件被清除,如图 2.22 所示。

图 2.22　格式化硬盘

格式化通常分为低级格式化和高级格式化。如果没有特别说明,对硬盘的格式化通常是指高级格式化,而对软盘的格式化则通常同时包括这两者。

项目 2.2　安装 Windows 7 操作系统

现在小霞有了自己的电脑,但什么都干不了,怎么才能让自己的电脑跟别人的一样,可以上网、听音乐呢? 张老师告诉她,电脑需要安装操作系统才能正常使用。那么,操作系统该怎么安装呢? 具体要掌握的知识与技能如下:
① Windows 操作系统版本的分类。
② 正确安装操作系统。

任务 2.2.1　安装 Windows 7 操作系统

小霞运用本项目所学知识,成功安装了 Windows 7 操作系统,效果如图 2.23 所示。

图 2.23　Windows 7 操作系统

① 准备所需的 Windows 系统。

② 了解每个安装步骤的含义。

任务实现

Windows 系统安装步骤如下：

① 下载 Windows 镜像到本地计算机。

② 用解压软件将镜像解压（若不解压用虚拟光驱加载也可以）。

③ 打开解压后的文件夹，找到 setup. exe（或 autorun. exe），双击即可运行安装程序。出现如图 2.24 所示画面，点击"现在安装"启动安装。

④ 整个屏幕被 Windows 7 安装界面覆盖（此时要切换到其他操作按"win"键），并在屏幕中央出现如图 2.25 所示画面，选择"不获取最新安装更新"。

安装操作系统

图 2.24 安装选择

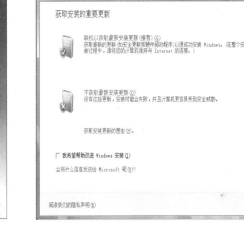

图 2.25 安装

⑤ 出现协议许可界面，如图 2.26 所示，按"＋"键同意安装（按"."键不同意安装），或用鼠标点击"我接受许可条款"，然后按回车键（或点下一步）继续。

⑥ 出现安装类型选择界面，如图 2.27 所示，使用上键（↑）和下键（↓）使选中框移动到"自定义（高级）"选项（或鼠标选择）继续。

⑦ 出现如图 2.28 所示提问："您将 Windows 安装到何处？"使用上键（↑）和下键（↓）选择合适的分区（不能选择当前系统活动的分区，用光盘启动才可以安装到任意分区），选择好后按回车键进行下一步。

选择前请务必确定你要安装系统的盘（分区）没有重要数据，如有请在执行下一步前立刻备份。

⑧ 安装系统正式启动，首先出现图 2.29 所示内容，一步一步完成下面的任务，此过程中系统会自动重启计算机一次，重启后将继续安装过程，此过程请不要做任何操作，系统会自动完成。

图 2.26　安装许可条款

图 2.27　安装类型选择界面

图 2.28　选择安装位置

图 2.29　安装过程

⑨　自动重启后设置国家或地区(中国)、时间和货币(中文)、键盘布局[中文(简体),美式键盘],输入用户名、密码、产品密钥,设置好时区,选择好你所处的网络后即可登录Windows 7 系统。

 相关知识

1. 计算机软件系统概述

一个完整的计算机系统由硬件和软件两部分组成,硬件是组成计算机的物质实体,如CPU、存储器、输入输出设备等,如图 2.30 所示。软件是指所有应用计算机的技术,即程序和数据,它的范围非常广泛,一般是指程序系统,是发挥计算机硬件功能的关键所在。从广义上来说,软件是指计算机中运行的各种文档资料的总称。

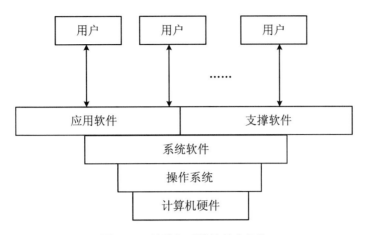

图 2.30 计算机系统的基本机构

计算机软件系统分为系统软件和应用软件两大类。

（1）系统软件

系统软件通常负责管理、控制和维护计算机的各种软硬件资源，并为用户提供一个友好的操作界面和工作平台。常见的系统软件主要有操作系统、计算机语言处理程序、常用服务程序、数据库管理系统以及数据通信程序等。

（2）应用软件

应用软件是专业人员为各种应用目的而开发的面向具体问题和用户的应用程序。常用的应用软件有办公自动化软件、专业软件、科学计算机软件包、游戏软件等。

2. 操作系统的作用与位置

操作系统是最底层的系统软件，是对硬件系统功能的首次扩充，也是其他系统软件和应用软件能够在计算机上运行的基础，如图 2.31 所示。

图 2.31 操作系统的作用

操作系统是一种特殊的用于管理和控制计算机硬件和软件的程序，位于计算机的硬件和应用程序之间，负责管理、调度、指挥计算机的软、硬件资源，使其协调工作。没有操作系统，任何计算机都无法正常运行。操作系统在资源使用者和资源之间充当中间人的角色。

因此，操作系统作为计算机系统软、硬件资源的管理者，其主要功能就是对系统所有的资源进行合理而有效的管理和调度，提高计算机系统的资源利用率。具体地说，操作系统具有 5 个方面的功能：处理器管理、存储器管理、设备管理、文件管理和作业管理等。在计算机的发展过程中,出现过许多不同的操作系统,其中最为常用的有 DOS、Windows、Linux、UNIX/XENIX、OS/2 等。

3. CMOS 设置

(1) CMOS

CMOS 是互补金属氧化物半导体(complementary metal oxide semiconductor)的缩写。它是指制造大规模集成电路芯片用的一种技术或用这种技术制造出来的芯片,是电脑主板上一块可读写的 RAM 芯片。因为其具有可读写的特性,所以在电脑主板上用来保存 BIOS 设置的电脑硬件参数的数据,这个芯片仅仅是用来存放数据的。

(2) CMOS 设置步骤

① 关闭电脑,用手指不停地按"delete"键,然后按电源键开机。

② 进入到 BIOS 设置页面,选择 CMOS,进入 CMOS 菜单,如图 2.32 所示。

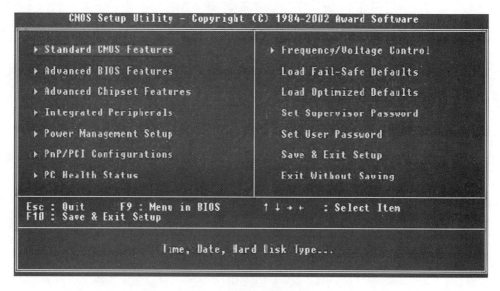

图 2.32　安装类型选择界面

③ 设置完毕后,按"F10"键退出,保存设置选择"Y"键。

④ 按"Esc"键退出菜单,回到 BIOS 设置页面。

 能力提升

1. Android 系统

安卓(Android)是一种基于 Linux 的自由及开放源代码的操作系统,如图 2.33 所示。其主要用于移动设备,如智能手机和平板电脑,由 Google 公司和开放手机联盟开发。Android操作系统最初由 Andy Rubin 开发,主要支持手机设备。

2. Mac 操作系统

Mac 操作系统是苹果公司为 Mac 系列产品开发的专属操作系统,如图 2.34 所示。Mac 操作系统是苹果 Mac 系列产品的预装系统,是世界上第一个基于 FreeBSD 系统的"面向对

象的操作系统",处处体现着简洁的宗旨。

图 2.33　Android 系统　　　　　　图 2.34　Mac 操作系统

3. 鸿蒙系统

鸿蒙操作系统是一款"面向未来"的、基于微内核的操作系统,是一款面向全场景的分布式操作系统,适配于手机、平板电脑、电视、智能汽车、可穿戴设备等多种终端设备。

鸿蒙微内核是基于微内核的全场景分布式操作系统,可按需扩展,实现更广泛的系统安全,主要用于物联网,其特点是低时延,甚至可以实现毫秒级乃至亚毫秒级。

项目 2.3　操作计算机

任务 2.3.1　操作计算机

任务效果

小霞通过学习本任务课程内容,将可以灵活地使用鼠标和键盘,让电脑"听"自己的话,如图 2.35 所示。

图 2.35　使用电脑的效果图

技术分析

① 鼠标的基本操作,鼠标的正确使用。
② 敲键盘的指法,键盘的正确使用。

任务实现

1. 使用鼠标

鼠标的基本操作包括指向、单击、双击、拖动和右击。

（1）指向

将鼠标指针指向某个对象或对象区域。移动鼠标,指向桌面上任意一个图标或任务栏上的应用程序按钮,观察发生的变化。

操作计算机

（2）单击

将鼠标指针指向某个对象,然后按下鼠标左键并使之自由弹起,这一般用于选择某个对象。移动鼠标指向桌面上的"计算机"图标,然后单击左键,观察发生的变化。

（3）双击

将鼠标指针指向某个对象,快速地连续单击两次鼠标左键,这常用于打开文件。移动鼠标指向桌面上的"计算机"图标,双击打开"计算机"应用程序。

（4）右键单击

将鼠标指针指向某个对象,然后按下鼠标右键并使之自由弹起,一般用于打开快捷菜单。移动鼠标,指向"计算机"图标,然后单击鼠标右键,打开"计算机"快捷菜单;移动鼠标,指向"开始"菜单,然后单击鼠标右键,打开"开始"菜单快捷菜单。

（5）拖动

将鼠标指针指向某个对象,按住鼠标左键的同时移动鼠标指针,到达目的位置后再放开鼠标左键。拖动"计算机"图标到桌面的空白区域,观察操作结果。

（6）右键拖动

将鼠标指针指向某个对象,按住鼠标右键的同时移动鼠标指针,到达目的位置后再放开鼠标右键。移动鼠标,指向"计算机"图标,然后按住右键拖动到桌面的右下角,观察操作结果。

2. 键盘操作训练

键盘输入的标准指法:

（1）基本键位指法

基本键位指法是键盘指法的基础,是手指定位的基准。基本键位在主键盘区的正中央位置,由"A""S""D""F""J""K""L"和";"8个键组成,其中的"F""J"两个键上都有一个凸起的小棱杠,以便盲打时手指能通过触觉定位。键盘指法要求左手小指、无名指、中指、食指分别置于"A""S""D""F"键上,右手食指、中指、无名指、小指分别置于"J""K""L"和";"键上。敲击键盘时手指从基本键位上快速伸出击打所要击的键,击键完毕手指应回到基本键位,如图2.36所示。

（2）键位的手指分工

手指与键位的搭配,即手指分工,就是把键盘上的全部字符合理地分配给两手的十个手指,规定每个手指打哪几个字符键。左右手所规定要打的字符键都是一条或两条左斜线。每个手指分工负责基本键位上下相应的键,各个手指必须严格遵守所规定的键位。如图2.36所示,左手中指负责"C""D""E"和"3"4个键,而右手食指负责"N""H""Y""6""M""J""U"和"7"8个键。空格键则由右大拇指负责。输入左手管辖的上档字符时,用右手小指按住右 Shift 键;输入右手管辖的上档字符时,用左手小指按住左 Shift 键。

图 2.36　手指与基本键位的对应关系

（3）击键方法

① 两拇指轻放在空格键上，其他 8 个手指自然弯曲，轻轻地放在基本键位上。

② 用指尖击键，瞬间发力，并立即反弹。力度适当，节奏均匀。

③ 击键时，各手指遵守指法规定，不得错位。手腕要平直，手臂不动，全部动作仅限于手指操作。

④ 击键后，手指立即返回基准键位。

（4）正确的姿势

① 坐姿端正，身体保持正直，双膝平行，双脚平放。

② 两肩放松，上臂自然下垂，大臂、肘靠近身体，大臂与小臂之间的角度略小于直角。

③ 身体正对键盘，座位高低适度，距离适当。屏幕中心与视线等高或略低。手掌与键盘斜度平行，手指轻放在基本键位上。

正确的姿势如图 2.37 所示。

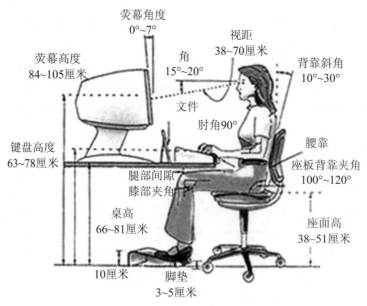

图 2.37　正确的操作姿势

相关知识

1. 认识鼠标

鼠标是鼠标器的简称。通过点击或拖拉鼠标,可以很方便地对计算机进行操作,

Windows中的许多操作都可以通过鼠标的操作完成。鼠标分有线和无线两种;按结构划分有机械式、光机式、光电式和光学式等,目前使用最多的是光电式;按功能划分有二键、三键和多键等,目前使用较多的是二键和三键。二键鼠标有左、右两键,左按键又叫主按键,大多数鼠标操作是通过主按键的单击或双击完成的。右按键又叫辅按键,主要用于一些专用的快捷操作。三键鼠标(如图 2.38 所示)则是比二键鼠标多了一个中间键,目前常见的是滚轮,鼠标第三键可以自己设定其功能,非常方便。默认的是,长按第三个键的时候,可以滚动屏幕,这样在浏览网页或阅读文章的时候更方便。

图 2.38　鼠标示意图

2. 认识计算机键盘

键盘是向计算机中输入信息最常用的设备,目前计算机上流行的键盘是增强型 101 或 104 键键盘,如图 2.39 所示为增强型 104 键键盘。

图 2.39　增强型 104 键键盘示意图

(1)键盘分区

键盘主要分为四个区(如图 2.40 所示),即主键盘区、功能键区、编辑键区和数字小键盘区,另外还有 3 个特殊键。

(2)主键盘区

主键盘区是键盘的主要部分,包括:

① 符号键:符号键包括 26 个英文字母、10 个数字及"＝""＋"";"","""@"等 47 个特别

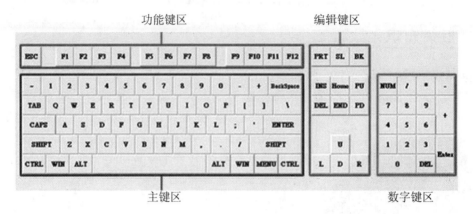

功能键区   编辑键区

主键区   数字键区

图 2.40　鼠标示意图

符号。

② 空格键与退格键：空格键是标有"Spacebar"（有些键盘未标出）的长条键，用来输入空格符。空格虽然不可见，但它也是一个字符，在屏幕上占据一个字符位。退格键上标有"Backspace"或"←"，它用来删除刚刚输入的符号，每敲一次删除一个符号。

③ 回车键（Enter）：回车键是标有"Enter"（有的键盘标"Return"）的键，它用来结束当前行的输入，开始一个新行。

④ 辅助键：辅助键共有 3 对，分别标有"Shift(↑)""Ctrl"与"Alt"，它们只能与其他键组合才能起作用，只在极个别情况下允许单独使用。每种辅助键都有两个，分布在主键盘的左右两侧，它们是相同的，目的是便于双手操作。

a. 上档键（Shift）：又称换档键，当按下"Shift"键再敲双符键时（键面上标有两个字符），便输入键面上部的符号。另一功能是在按下"Shift"键的同时敲字母键，则输入大写字母；当单独敲击字母键时输入的是小写字母。

b. 控制键（Ctrl）：它与其他键组合可向计算机发送一个信号，具体的作用由软件定义。

c. 转换键（Alt）：与控制键相同，它也与其他键组合向计算机发送一个信号，具体的作用由软件定义。

⑤ 大写字母锁定键（Capslock）：它是用来锁定字母大小写状态的。字母键的初始状态为小写，敲一下"CapsLock"键，再敲字母键便输入大写字母，而此时"Shift"与字母键组合则产生小写字母。"CapsLock"是一个开关键，当再敲一次时，字母状态转换为小写。

⑥ 制表键（Tab）：敲一下"Tab"键，屏幕上的光标便移到下一个制表位，一般两制表位间隔 8 个字符。所以按一个制表键，一般光标移动 8 个字符的位置。

（3）功能键区

功能键区包含 F1～F12 的 12 个功能键和"ESC"键。功能键的作用由具体的系统和软件来定义，也可与"Shift""Ctrl""Alt"等键组合使用。"Esc"键称换码键，也称作废键，一般用来作废一个操作或产生一个换码序列。

（4）编辑键区

编辑键区包括上、下、左、右箭头，Pageup，Pagedown 等 10 个键，主要用来移动光标和编辑修改。"←"与"→"分别使光标左、右移动一个字符,"↑"与"↓"分别使光标上、下移动一行,"Home"与"End"使光标移到行首和行尾,"Page Up"与"Page Down"分别是前翻一页和后翻一页,"Delete"是删除紧靠光标后的字符,"Insert"为插入/改写开关键。

(5) 数字小键盘区

数字小键盘区是为单手录入数字而设计的。它有数字与编辑两种状态,通过数字锁定键"Num Lock"来转换。当按下"Num Lock"键时,数字小键盘处于编辑键状态,各键的使用方法与编辑键区内对应键的使用方法等同。

(6) 特殊键

特殊键有3个:"Print Screen"键用来抓取当前屏幕的内容;"Pause"键与"Ctrl"键组合可强行中断当前正在执行的程序;"Scroll Lock"键为"卷动"锁定键。

 能力提升

1. 触摸板

触摸板(TouchPad 或 TrackPad),是一种广泛应用于笔记本电脑上的输入设备。其利用感应用户手指的移动来控制指针的动作,如图 2.41 所示。

触摸板可以视作一种鼠标的替代物。在其他一些便携式设备上,如个人数码助理与一些便携影音设备上也能找到触摸板。这项技术最早由 FingerWorks 公司研发并申请专利,后来首先被应用在 iPhone 上。

图 2.41　触摸板

2. 语音输入

语音输入即"嘴巴打字"、麦克风输入,是指电脑根据操作者的讲话将其识别成汉字的输入方法(又称声控输入)。它利用与主机相连的话筒及相关语音输入软件识读出汉字,如图 2.42 所示。它被认为是世界上最简便、最易用的输入法,只要你会说话,它就能"打字"。

图 2.42　语音输入

项目 2.4 个性化计算机

小霞是一个有个性的"90"后女孩,她在使用计算机的过程中,冒出了各种想法:能不能让自己的照片显示在桌面上?鼠标指针能不能换个醒目一点的样式?计算机上的时间能不能调整?

任务 2.4.1 个性化计算机

技术分析

Windows 7 提供了全新的、灵活的、更人性化的交互界面,可以满足用户的个性化需求,用户可以根据个人习惯设置它的外观,包括改变桌面的图标、背景以及设置屏幕保护程序、窗口外观分辨率等,使用户的计算机更有个性、更符合自己的操作习惯。

任务实现

1. 主题

主题是成套的桌面设计方案,决定桌面的可视外观,一旦选择了一个新的主题,桌面背景、屏幕保护程序、颜色、外观、显示选项卡中的设置也随之改变。

单击"开始"→"控制面板"→"外观和个性化"→"个性化"→"更改主题"命令,即可打开"个性化窗口",如图 2.43 所示。

2. 设置桌面背景

桌面背景即桌面壁纸,可以将自己拍摄的照片、网上下载的图片设置为桌面背景。单击"开始"→"控制面板"→"外观和个性化"→"个性化"→

个性化计算机

"更改桌面背景"命令,即可打开"桌面背景窗口",如图 2.44 所示。用户可以根据需要选择一张或多张图片作为桌面背景。如果选择多张背景图片,还可以设置切换图片的时间间隔。选择背景图片时可以选择系统提供的图片,也可以使用"浏览"按钮选择其他图片,设置完成后单击"保存修改"按钮进行保存。

3. 任务栏设置

(1) 改变任务栏的大小

① 将鼠标指针移到任务栏的内边缘(邻近桌面的边缘),鼠标指针变成双向箭头。

② 按住鼠标左键并拖动就可以改变任务栏的高度。改变任务栏的高度后,任务栏内的

按钮和图标会自动调整到最佳尺寸和位置。

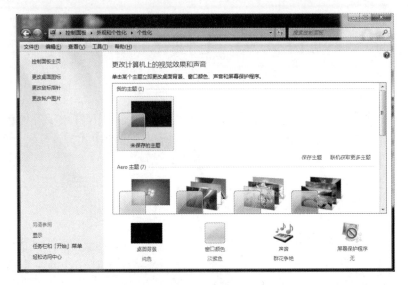

图 2.43　个性化窗口

图 2.44　"桌面背景"对话框

（2）改变任务栏的位置

① 将鼠标指针移到任务栏的空白区域。

② 按住鼠标左键并将其拖动到桌面的任意一个边缘即可。

（3）设置任务栏属性

① 右击任务栏的空白区域，从快捷菜单中选择"属性"命令，打开"任务栏和『开始』菜单属性"对话框，如图 2.45 所示。

② 选中"锁定任务栏"复选框，将不能移动任务栏或更改任务栏的大小。

③ 选中"自动隐藏任务栏"复选框，使任务栏在不使用时自动隐藏起来。需要时，将鼠

标指针指向隐藏任务栏的屏幕边缘,任务栏就会自动显示出来。

④ 选中"始终合并、隐藏标签"下拉菜单,将打开的应用程序按钮分组显示,如打开 3 个 Word 文档,则 3 个文档将会合并起来只显示 Word 文档图标。

4. 设置屏幕分辨率

"设置屏幕分辨率"选项用于设置显示器的适配器、屏幕分辨率以及方向等,单击"开始"→"控制面板"→"外观和个性化"→"屏幕分辨率"命令,如图 2.46 所示,在下拉列表框中拖动滑块设置屏幕分辨率,在"方向"列表框中可以选择显示器的显示方向。

图 2.45 "任务栏和开始菜单属性"对话框

图 2.46 "屏幕分辨率"窗口

5. 卸载或更改程序

单击"控制面板"中"程序"下面的"卸载程序"选项,打开"卸载或更改程序"窗口,如图 2.47所示,可以将已经安装的程序卸载。

图 2.47 "添加或删除程序"窗口

6. 添加新的输入法

单击"开始"→"控制面板"→"时钟、语言和区域"→"更改键盘或其他输入法"→"更改键盘"→"添加"→"中文(简体,中国)",然后选择要添加的输入法,点击"添加输入语言"对话框中的"确定"按钮,点击任务栏右边的"键盘"图标(有时显示的是其他输入法的图标)可以看到输入法已经添加上了,如图 2.48 至图 2.50 所示。

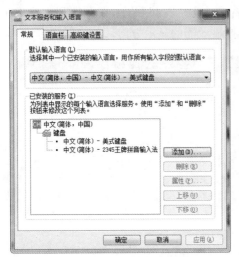

| 图 2.48 "文本服务和输入语言"对话框 | 图 2.49 "添加输入语言"对话框 |

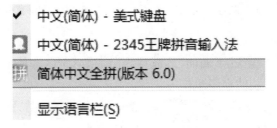

图 2.50 查看新添加的输入法

7. 设置鼠标和键盘

(1) 设置鼠标

单击"开始"→"控制面板"→"外观和个性化"→"个性化"→"更改鼠标指针",在打开的"鼠标键"面板中可以分别进行主按钮、每次要滚动的行数、双击速度、单击锁定等内容的设置,如图 2.51 所示。

在"指针"面板中,可以选择系统自带的指针样式,如图 2.52 所示。为了满足个性化的需求,还可以自定义指针样式。

图 2.51 "鼠标键"面板

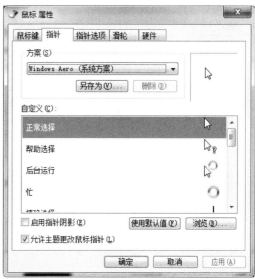

图 2.52 "指针"面板

（2）设置键盘

单击"开始"→"控制面板"，将查看方式选择"小图标"，然后找到"键盘"，对键盘进行个性化设置，如图 2.53 所示。

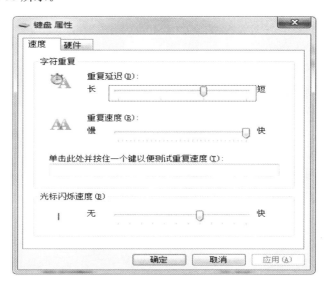

图 2.53 "键盘属性"对话框

8. 设置用户账户

（1）建立一个名为"XCZY"的计算机管理员账号

① 首先以计算机管理员的身份登录系统。

② 在"控制面板"窗口中，单击"用户账户和家庭安全"选项下面的"添加或删除用户账户"窗口，如图 2.54 所示。

图 2.54 "用户账户"窗口

图 2.55 "用户账户"窗口

③ 选择"创建一个新账户"选项，Windows 7 将显示要求为新账户起名，在其中输入用户名"XCZY"。

④ Windows 7 将提示挑选一个账户类型，有标准用户和管理员两个选项，标准用户可以使用大多数软件以及更改不影响其他用户或者计算机安全的系统设置，管理员有计算机的完全访问权限，可以做任何的修改。选择"管理员"单选框。

⑤ 然后单击"创建账户"按钮。Windows 7 将建立"XCZY"账户，它的类型是计算机管理员。

（2）设置、修改用户密码

① 在"用户账户"窗口中，找到要修改的用户名"XCZY"，双击用户图标。

② 单击"创建密码"选项，打开提示输入密码的"用户账户"窗口，输入要设置的密码。

③ 然后单击"创建密码"按钮即可。

④ 创建密码后，"创建密码"选项将变为"更改密码"和"删除密码"两个选项。可以用于更改密码和删除已设置的密码。

（3）家长控制

用户可以使用家长控制对儿童使用计算机的方式进行管理。例如，用户可以限制儿童使用计算机的时段、可以玩的游戏类型以及可以运行的程序。

当家长控制阻止了对某个游戏或程序的访问时，将显示一个通知，声明已阻止该程序。孩子可以单击通知中的链接，以请求获得该游戏或程序的访问权限。用户可以通过输入账户密码来允许其访问。

若要为孩子设置家长控制，用户需要有一个自己的管理员用户账户。在开始设置之前，确保你要为其设置家长控制的每个孩子都有一个标准的用户账户。家长控制只能应用于标准用户账户。

为标准用户账户启用家长控制的步骤如下：

① 单击打开"家长控制"。如果系统提示输入管理员密码或进行确认，请键入该密码或进行确认。

② 单击要设置家长控制的标准用户账户。如果尚未设置标准用户账户，请单击"创建新用户账户"设置一个新账户。

③ 在"家长控制"下，单击"启用，强制当前设置"。

④ 为孩子的标准用户账户启用家长控制后，可以调整要控制以下个人设置：

a. 时间限制。用户可以设置时间限制，对允许儿童登录计算机的时间进行控制。时间限制可以禁止儿童在指定的时段登录计算机。可以为一周中的每一天设置不同的登录时段。如果在分配的时间结束后其仍处于登录状态，则将自动注销。

b. 游戏。用户可以控制对游戏的访问、选择年龄分级级别、选择要阻止的内容类型、确定是允许还是阻止未分级游戏或特定游戏。

c. 允许或阻止特定程序。用户可以禁止儿童运行用户不希望其运行的程序。

9. 使用 Windows 7 的帮助系统

（1）使用"搜索"

打开"开始"菜单，选择"帮助和支持"命令，打开"帮助和支持中心"窗口，在"搜索"文本框中输入"文件夹"的内容，按回车键，将在"搜索结果"区域显示相关主题，单击"更改文件夹选项"，在下方区域显示帮助内容，如图 2.56 所示。

（2）使用"浏览帮助"

单击窗口上方"浏览帮助"按钮，进入"目录"页面，在下方会显示帮助目录，按照提示查找所需要帮助项，如图 2.57 所示。

图 2.56 "帮助和支持中心"窗口   图 2.57 目录页面

10. Windows 7 的退出

在退出操作系统前，需要先关闭所有已经打开或正在运行的程序。单击"开始"按钮，打开"开始"菜单，选择"关机"命令，即可退出 Windows 7 操作系统，关闭计算机。

项目 2.5　Windows 7 的文件管理

小霞设置好了自己的电脑,现在她的电脑个性十足,她想把自己以前拍的照片放到电脑里,该怎么做呢?

任务 2.5.1　Windows 7 的文件管理

技术分析

电脑中的数据是以文件的形式保存的,要想管理好计算机数据,就要熟悉文件和文件夹操作。

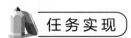
任务实现

1. 文件和文件夹

(1) 文件及文件夹的概念

文件是计算机系统中信息存放的一种组织形式,是磁盘上最小的信息组织单位,文件是有关联的信息单位的集合,由基本信息单位组成,包括文档、程序、声音、图像等。根据文件类型的不同,系统使用不同的图标区分显示,如图 2.58 所示。

Windows 7 的
文件管理

文件夹是用来组织和管理磁盘文件的一种数据结构,是存储文件的容器,该容器中还可以包含文件夹(通常称为子文件夹)或文件。文件夹的命名规则与文件命名规则相同,但不需要扩展名。文件夹图标采用更直观的透明图标显示,用户一看文件夹就可以知道其中是否有文件与子文件夹,图 2.59(a)所示文件夹中包含文件,图 2.59(b)为空文件夹。

(2) 文件名与扩展名

文件名是存取文件的依据,文件系统实行"按名存取"。Windows 7 系统对文件的命名遵循"文件名. 扩展名"的规则。一般情况下,文件名与扩展名用中间符号"."分隔,其格式为:"文件名. 扩展名"。

文件的命名应遵循如下规则:

① 文件名可使用汉字、西文字符、数字、部分符号。

② 文件名字符可以使用大小写,但不能通过大小写对不同文件进行区别。

图 2.58　资源管理器文件

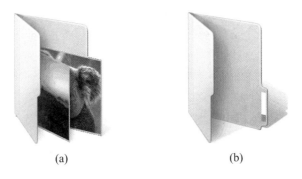

(a)　　　　　　　　　　　　　(b)

图 2.59　文件夹

③ 文件名可以使用的最多字符数量为:255 个英文字符或 127 个汉字。

④ 文件名中不能使用"\""/"":""＊""?""|""<"">""?""|"符号。

⑤ 当搜索和列表文件时,可以使用文件通配符"?"和"＊"。

⑥ 在同一个文件夹下不能出现同名文件。

（3）文件通配符

文件通配符是用来表示多个文件使用的符号。通配符有两种,分别为"＊"和"?"。"＊"为多位通配符,代表文件名中从该位置起任意多个字符,如"A＊"代表以 A 开头的所有文件。"?"为单位通配符,代表该位置上的一个任意字符,如"B?"代表文件名只有两个字符且第一个字符为 B 的所有文件。

（4）文件的类型

计算机中所有的信息都是以文件的形式进行存储的,如程序、文档、图像、声音信息等。由于不同类型的信息有不同的存储格式与要求,相应就会有多种不同的文件类型,这些不同的文件类型一般通过扩展名来标明。表 2.2 列出了常见的扩展名及其含义。

表 2.2　常见文件扩展名及其含义

扩展名	含义	扩展名	含义
.com	系统命令文件	.exe	可执行文件
.sys	系统文件	.rtf	带格式的文本文件
.doc/.docx	Word 文档	.obj	目标文件
.txt	文本文件	.swf	Flash 动画发布文件
.bas	Basic 源程序	.zip	ZIP 格式的压缩文件
.c	C 语言源程序	.rar	RAR 格式的压缩文件
.html	网页文件	.cpp	C++语言源程序
.bak	备份文件	.java	Java 语言源程序

2. 文件和文件夹的操作

（1）选取文件

① 选定单个文件或文件夹。只需要用鼠标左键单击所要选定的对象即可。

② 选定连续的多个文件或文件夹。单击第一个对象,按住"Shift"键再单击所需要的最后一个对象。

③ 选定不连续的多个文件或文件夹。单击所要选定的第一个对象,按住"Ctrl"键不放,再单击所需要选定的其他对象。

④ 全选。打开"编辑"菜单,选择"全部选定"命令,或直接按"Ctrl＋A"组合键。

⑤ 反向选择。首先选定不需要的对象,然后打开"编辑"菜单,选择"反向选择"命令。

（2）新建文件和文件夹

① 新建文件夹。鼠标右击想要创建文件夹的窗口或桌面空白处,在弹出的快捷菜单中选择"新建"→"文件夹"命令,则弹出文件夹图标并允许为新建文件命名(系统默认文件名"新建文件夹"),如图 2.60 所示。

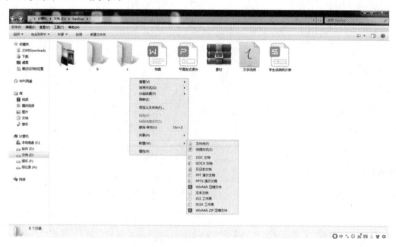

图 2.60　新建文件夹

② 新建文件。鼠标右击想要创建文件的窗口或桌面空白处,在弹出的快捷菜单中选择"新建"命令,选择相应的文件即可,如果没有你要创建的文件,可随意选择一个文件,然后连同文件的扩展名一起修改成你需要的文件名和扩展名即可,比如你要创建一个名叫 abc、扩展名为 .bat 的批处理文件,即可按上述步骤操作,如图 2.61 和图 2.62 所示。

图 2.61　新建文件

图 2.62　新建批处理文件

（3）文件和文件夹的复制和移动

复制文件或文件夹是指创建常见文件或文件夹的副本,执行复制命令后,原位置和目标位置均有该文件或文件夹。

移动文件或文件夹就是将文件或文件夹移动至其他位置,执行移动命令后,原位置的文件或文件夹消失,而在目标位置出现该文件或文件夹。

① 使用菜单操作:

a. 选定要进行移动或复制的文件夹。

b. 用鼠标左键单击"编辑"菜单或工具栏中的"复制"或"剪切"命令;或者在文件夹上右击,在弹出的快捷菜单中选择"复制"或"剪切"命令。

c. 选择目标位置。

d. 单击"编辑"菜单或工具栏中的"粘贴"命令;或者在目标位置的空白处右击,在弹出的快捷菜单中选择"粘贴"命令。

② 使用鼠标拖动:

a. 复制文件,首先打开源文件和目标文件的文件夹窗口,选定要进行复制的文件或文件夹,按下 Ctrl 键和鼠标左键,将选定的文件或文件夹拖动到目标文件夹。若被复制的文件或文件夹与目标位置在同一驱动器,则直接拖动到目标位置即可实现复制操作。

b. 移动文件,首先打开源文件和目标文件的文件夹窗口,选定要进行复制的文件或文件夹,按下 Ctrl 键和鼠标左键,将选定的文件或文件夹拖动到目标文件夹。

③ 使用鼠标右键操作:

右击选定的文件和文件夹,弹出快捷菜单,在菜单选择"复制"或"剪切"命令,然后打开目标文件夹,在快捷菜单中选择"粘贴"即可。

（4）文件或文件夹的重命名

有时候需要更改文件或文件夹的名字，可以按照下述方法之一进行操作：

① 选定要重命名的对象，然后单击对象名称。

② 右击要重命名的对象，在弹出的快捷菜单中选择"重命名"命令。

③ 选定要重命名的对象，然后选择"文件"→"重命名"命令。

④ 选定要重命名的对象，然后按"F2"键。

说明 文件的扩展名一般是默认的，如 Word 2010 的扩展名是.docx，在更改文件名时，只需要改它的文件名即可，不需要再改扩展名。如：root. docx 改为"根. docx"，只需将"root"改为"根"即可。

（5）撤销操作

在执行了如移动、复制、重命名等操作后，如果又改变了主意，可选择"组织"→"撤销"命令，还可以按"Ctrl＋Z"组合键，这样就可以取消刚才的操作。

（6）删除和还原文件夹

删除文件或文件夹，有以下方法：

① 选定要删除的文件或文件夹，然后选择"组织"菜单或"文件"菜单中的"删除"命令。

② 选定要删除的文件或文件夹，然后右击，选择快捷菜单中的"删除"命令。

③ 选定要删除的文件或文件夹，然后按"Delete"键删除，若按住"Shift"键的同时再按"Delete"键，系统将给出删除确认提示，确认后，系统将选定的文件或文件夹直接从磁盘上彻底删除而不放到回收站中。

④ 直接用鼠标将选定的对象拖到"回收站"实现删除操作。如果在拖动的同时，按住"Shift"键，则文件或文件夹将从计算机中彻底删除，而不保存到回收站中。

如果想恢复被删除的文件，则可以打开"回收站"找到被删除的文件或文件夹，单击右键，找到"还原"功能，如图 2.63 所示，在清空回收站之前，被删除的文件一直保存在那里。

图 2.63 从回收站还原文件

（7）查看或设置文件属性

文件的属性包括文件或文件夹的名称、位置、大小、创建时间、只读、隐藏和存档属性等。在 Windows 中可以查看文件或修改文件或文件夹的属性，具体操作步骤如下：

① 选定要查看其属性的文件或文件夹。

② 选择"文件"→"属性"命令或右击选定的对象，在弹出的快捷菜单中选择"属性"命令，系统弹出属性对话框，如图2.64所示。

图2.64 文件属性对话框

在属性对话框中，选择"常规"选项卡，系统将显示文件的位置、大小、类型等。用户可对文件的属性进行修改，如果选中"只读"复选框，文件将设置为"只读"属性。在"只读"状态下，文件不能随意修改。如果选中"隐藏"复选框，文件将设置为"隐藏"属性，可以使文件隐藏起来不再显示。

（8）隐藏和显示文件或文件夹

将文件或文件夹的属性设置为"隐藏"后，可以将这些文件或文件夹进行隐藏，从而起到保护这些文件的作用，当需要时可以将这些文件再次进行显示。具体操作方法如下：

单击"开始"菜单，在"附件"中单击"资源管理器"按钮，或者直接单击任务栏"快速启动区"中的"资源管理器"按钮，打开资源管理器窗口，选择菜单命令"组织"→"文件夹和搜索选项"，打开"文件夹与搜索选项"对话框，如图2.65所示。

① 隐藏文件或文件夹。首先将需要隐藏的文件或文件夹的文件属性设置"隐藏"。然后在"文件夹选项"对话框中，选择"查看"选项卡，在"高级设置"列表中选择"隐藏文件和文件夹"→"不显示隐藏的文件、文件夹和驱动器"选项。完成设置后，设置了"隐藏"属性的文件或文件夹将被隐藏。需要说明的是，隐藏的文件或文件夹并非在驱动器中被删除，只是不可见，仍占有存储空间。

② 显示隐藏的文件或文件夹。首先打开要显示内容的窗口或文件夹，在该对话框中选择"查看"选项卡，在"高级设置"列表中选择"隐藏文件和文件夹"→"显示隐藏的文件、文件夹和驱动器"选项，单击"确定"按钮，即可将被隐藏的文件或文件夹显示出来，如图 2.66 所示。

图 2.65 "文件夹选项"对话框

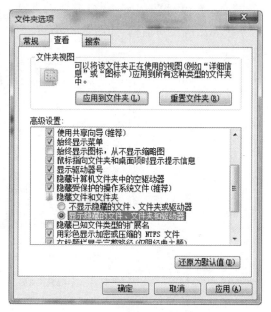

图 2.66 "文件夹选项"对话框

项目 2.6　优化计算机

　　小霞把自己的照片都放进了计算机里,随着计算机里的东西越来越多,计算机速度变慢了,这是怎么回事呢? 如何提高计算机的运行速度呢?

任务 2.6.1　优化计算机

技术分析

　　计算机在使用一段时间以后,会产生一些碎片和垃圾,这将影响计算机的运行速度,只要利用 Windows 7 系统中的工具对计算机进行优化,计算机就又能健步如飞了。

 任务实现

1. 清理 C:盘

① 在"计算机"窗口中选定"本地磁盘(C:)"。

② 打开"文件"菜单,或右击"本地磁盘(C:)"打开其快捷菜单,选择"属性"命令,打开"本地磁盘(C:)属性"对话框,如图 2.67 所示。

③ 在"常规"选项卡中单击"磁盘清理"按钮,打开"磁盘清理"对话框,如图 2.68 所示。

④ 在"磁盘清理"选项卡中,选中需要清理的临时文件相对应的复选框,单击"确定"按钮即可。

优化计算机

2. 检查 C:盘

① 在"计算机"窗口中选定"本地磁盘(C:)"。

② 打开"文件"菜单,或右击"本地磁盘(C:)"打开其快捷菜单,选择"属性"命令,打开"本地磁盘(C:)属性"对话框。

③ 单击"工具"选项卡,如图 2.69 所示。

④ 在"查错"区域,单击"开始检查"按钮,打开"检查磁盘"对话框,如图 2.70 所示。

⑤ 选择"自动修复文件系统错误"复选框和"扫描并试图恢复坏扇区"复选框。

⑥ 设置完毕后单击"开始"按钮,即可使用系统提供的"磁盘扫描程序"对损坏的磁盘进行一般性的检查与修复。

⑦ 完成扫描后,单击"关闭"按钮即可。

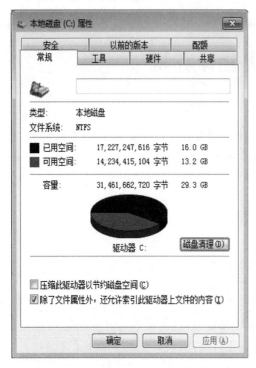

图 2.67 "本地磁盘(C:)属性"对话框

图 2.68 "磁盘清理"对话框

图 2.69 "本地磁盘(C:)"对话框

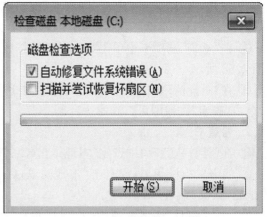

图 2.70 "检查磁盘"对话框

3. 对 C:盘进行磁盘碎片整理

① 在"计算机"窗口中选定"本地磁盘(C:)"。

② 打开"文件"菜单,或右击"本地磁盘(C:)",打开其快捷菜单,选择"属性"命令,打开"本地磁盘(C:)属性"对话框。

③ 单击"工具"选项卡。

④ 在"碎片整理"区域,单击"立即进行碎片整理"按钮,打开"磁盘碎片整理程序"对话框,如图 2.71 所示。

图 2.71 "磁盘碎片整理程序"对话框

⑤ 在窗口上方的驱动器列表中选定要进行整理的 C 盘,并单击"分析磁盘"按钮。系统将对当前选定的驱动器进行磁盘分析。

⑥ 分析结束后,单击"磁盘碎片整理"按钮,系统自动对 C 盘进行碎片整理工作。

项目 2.7　附　　件

小霞安装好了 Windows 7 操作系统,现在终于可以开启电脑之旅了,如何使用 Windows 7 自带的画图工具画图呢?

任务 2.7.1　附　　件

 技术分析

对于计算器、画图、截图工具与屏幕捕获等 Windows 7 自带的非常实用的小工具,我们必须熟练掌握它们的操作方法。

 任务实现

1. "计算器"应用程序

Windows 7 计算器功能强大,除了简单的加、减、乘外,还能进行更复杂的数字运算,是名副其实的多功能计算器。

默认情况下,每次启动 Windows 7 计算器总是"标准型计算器"。打开"查看"菜单,就可以让 Windows 7 计算器在"标准型""科学型""程序员"和"统计信息"4 种类型中自由切换,图 2.72 是选中了"科学型"的计算器。

附件

图 2.72　"科学型"计算器

Windows 7 的计算器除了最基本的数学计算之外,还增加了日期计算、单位转换、油耗

计算、分期付款、月供计算等功能,还可以设置是否显示历史记录、是否对数字进行分组,以满足不同用户的不同需求。图 2.73 是选中了"工作表"→"抵押"的计算器。

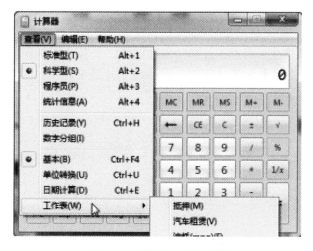

图 2.73　计算"抵押"计算器

2. "画图"应用程序

使用 Windows 7 画图功能可以绘制、编辑图片以及为图片着色。可以像使用数字画板那样使用画图程序来绘制简单图片、进行有创意的设计,或者将文本和设计图案添加到其他图片,如那些用数码照相机拍摄的照片。

选择"所有程序"→"附件"→"画图"命令,打开"画图"窗口。启动"画图"程序便创建了一个"无标题"空白画图文档;绘图和涂色工具位于窗口顶部的功能区中。"画图"程序支持PNG、BMP、JPG、IMG 等图形格式的文件。

在开始绘画前,首先要确定画布的尺寸和颜色。要改变画布的尺寸和颜色,单击"画图"按钮,选择"属性"命令,在弹出的图 2.74 所示的"映像属性"对话框中可设置画布的尺寸和颜色。

图 2.74　画图程序的"映像属性"

(1) 颜色设置

在"主页"选项卡的"颜色"组中,单击"颜色 1"按钮,然后单击要使用的某颜色时选择前景色;单击"颜色2"按钮,然后单击要使用的某颜色时选择背景色;若所需颜色在调色板中没有,可通过"编辑颜色"按钮来添加新的颜色到调色板中。

(2) 使用工具

画图窗口中包括绘图工具的集合,如绘制直线、绘制曲线、绘制形状、添加文本和擦除图片中的某部分,可使用这些工具画图并添加各种形状。下面对其中部分工具进行说明:

① 添加文本。使用文本工具,可以添加简单的消息或标题。

在"主页"选项卡的"工具"组中,单击"文本"工具,在绘图区域拖动指针,输入要添加的文本。在"主页"选项卡的"字体"组中单击字体、大小和样式可设置文本格式。

② 擦除图片中的某部分。橡皮擦在默认情况下将所擦除的任何区域更改其为白色,也可更改橡皮颜色。

在"主页"选项卡的"工具"组中单击"橡皮擦"工具,若要改变背景颜色,则单击"颜色2"按钮,选择所要更改的颜色,然后在要擦除的区域内拖动指针。

(3) 保存文件

单击"画图"按钮,如果选择"保存"命令,将保存上次保存之后对图片所做的全部修改;如果选择"另存为"命令,可以将文件保存为其他类型。

(4) 将画图设置为桌面壁纸

用"画图"程序打开要作为壁纸的图画,单击"画图"按钮,选择"设置为桌面背景"下的相应命令,则该图画就作为壁纸显示在桌面上。

3. 截图工具与屏幕捕获

Windows 7自带截图工具,可使用截图工具捕获屏幕上任何的屏幕快照或截图,然后对其添加注释、保存或共享该图像。

(1) 截图工具

Windows 7的截图工具最吸引人的地方在于可以采取任意格式截图,或截出任意形状的图形。

① 捕获截图。依次选择"附件"→"截图工具"命令,启动截图工具。在截图工具上单击"新建"按钮右侧的下三角,弹出4种选择:任意格式截图、矩形截图、窗口截图和全屏幕截图,如图2.75所示,然后选择要捕获的屏幕区域。

图2.75　截图模式

② 捕获菜单截图。如果需要获取菜单截图,可按下列步骤操作。

a. 打开"截图工具"窗口后,按"Esc"键,然后打开捕获的菜单。

b. 按"Ctrl+PrtSc"组合键。

单击"新建"按钮右侧的下三角,从列表中选择"任意格式截图""矩形截图""窗口截图"或"全屏幕截图"选项,然后选择要捕获的屏幕区域。

③ 给截图添加注释。Windows 7 在截图的同时还可以进行即兴涂鸦,在截图工具的编辑界面,除了可以选择不同颜色的画笔外,另外一个非常贴心的功能是它的橡皮擦工具,当对某一部分的操作不满意时,可以单击"橡皮擦"工具将不满意的部分擦去。

④ 保存截图。在捕获某个截图时,会自动复制到剪贴板,这样可以快速将其粘贴到其他文档、电子邮件或演示文稿中。

还可以将截图另存为 HTML、PNG、GIF 或 JPEG 格式的文件。捕获截图后,可以单击"保存截图"按钮将其保存。

(2) 屏幕捕获

在 Windows 7 中还可以用快捷键截图。

① 整个屏幕的捕获。按下"PrcSc"键会将屏幕的图像复制到 Windows 7 剪贴板中,成为"屏幕捕获"或"屏幕快照"。

② 活动窗口的捕获。按"Alt＋PrtSc"组合键时可捕获特定的活动窗口。

若要打印屏幕捕获或通过电子邮箱将其发送出去,必须首先将其粘贴到"画图"或其他图像编辑程序中,然后保存它。

 课后练习

一、选择题

1. 在计算机系统中,主机是指(　　　)。

A. 运算器和内存　　　　　　　　B. 存储器和控制器

C. 运算器、控制器和内存　　　　D. CPU 和存储器

2. 微型计算机的发展经历了从集成电路到超大规模集成电路等几代的变革,各代变革主要是基于(　　　)。

A. 存储器　　　　　　　　　　　B. 输入输出设备

C. 微处理器　　　　　　　　　　D. 操作系统

3. 在计算机中,硬件与软件的关系是(　　　)。

A. 互相支持　　　　　　　　　　B. 软件离不开硬件

C. 硬件离不开软件　　　　　　　D. 相互独立

4. 微型计算机硬件系统包括(　　　)。

A. 内存储器和外部设备　　　　　B. 显示器、主机箱、键盘

C. 主机和外部设备　　　　　　　D. 主机和打印机

5. ROM 的特点是(　　　)。

A. 存取速度快　　　　　　　　　B. 存储容量大

C. 断电后信息仍然保存　　　　　D. 用户可以随时读写

6. 在微型计算机中存储信息速度最快的设备是(　　　)。

A. 内存　　　　　　　　　　　　B. 高速缓存

C. 硬盘　　　　　　　　　　　　D. 软盘

7. 在微型计算机系统中,任何外部设备必须通过( )才能实现主机和设备之间的信息交换。

A. 电缆   B. 接口

C. 电源   D. 总线插槽

8. 在微型计算机系统中,打印机与主机之间采用并行数据传输方式,所谓并行是指数据传输( )。

A. 按位一个一个的传输   B. 按一个字节 8 位同时进行

C. 按字长进行   D. 随机进行

二、填空题

CPU 内部的主要结构包括:控制单元(控制器)、算术逻辑单元(运算器)、寄存器和_____互联。

学习情境 3　制作办公文档

项目 3.1 制作自荐书

小李马上大学毕业了,即将面临找工作的问题。小李了解到找工作前要制作一份自荐书。他觉得,要想在激烈的岗位竞争中占有一席之地,除了有过硬的专业知识和工作能力外,还应该让别人尽快、全面地了解自己。一份精美的自荐书无疑将给别人留下良好的第一印象,毫不夸张地说,自荐书制作的好坏,将直接影响到小张的前途。

自荐书指由求职者向招聘者或招聘单位所提交的一种信函,它向招聘者表明求职者拥有能够满足特定工作要求的技能、态度、资质。一封成功的自荐书就是一件营销武器,证明求职者能够解决招聘者的问题或者满足他的特定需要,以确保求职者能够得到面试的机会。

自荐书是求职者生活、学习、经历和成绩的概括和集中反映。一般,自荐书应包括3部分:封面、自荐信和个人简历。内容主要涉及申请求职的背景、个人基本情况、个人专业强项与技能优势、求职的动机与目的等。

可见,制作自荐书一般可分为3个步骤:

第一,制作封面,设计好封面的布局,封面上的内容主要是求职者的毕业学校、专业、姓名、联系电话等信息。

第二,制作自荐信,用文字叙述自己的爱好、兴趣、专业等,要根据自荐信内容的多少使用合适的字体、字号、行间距、段间距等,目的是使自荐书的内容在页面中分布合理,不要留太多空白,也不要太拥挤。

第三,制作个人简历,用表格介绍自己的学习经历、工作经历等,包括个人基本情况、联系方式、受教育情况、爱好特长等内容,为了使个人简历清晰、整洁、有条理,最好以表格的形式呈现。

自荐书制作完成后,可先用"打印预览"预览一下,确保打印出来的内容与所期望的一致(如有出入,可返回进行修改),然后打印输出。

由以上分析可知,"自荐书的制作"可以分解为页面设置、制作封面、制作自荐信、制作表格简历、打印输出等任务。

任务 3.1.1 制作封面

任务效果

"自荐书"的封面中,主要包括求职者的学校名称、姓名、专业、联系电话、电子邮箱等信息,还可以添加学校标志性建筑的图片,如图 3.1 所示。

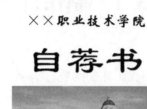

图 3.1 "自荐书"封面效果图

 技术分析

① 通过"页面设置"对话框,对文档页面进行设置。
② 通过"分隔符"下拉按钮,设置文档总体结构。
③ 通过"字体"和"段落"对话框,设置文档内容格式。

任务实现

制作封面

1. 页面设置

(1) 创建新文档

选择"文件"菜单按钮中的"新建"命令,新建一个空白文档。

(2) 设置纸张大小

在"页面布局"选项卡中,单击"页面设置"组中的"纸张大小"下拉按钮 ,在打开的下拉列表中选择"A4"纸张,如图 3.2 所示。用户可以根据需要设置"纸张大小",常见纸张大小有"A4""16 开"等,默认纸张大小为"A4"。也可以选择"其他页面大小"选项,自定义纸张大小。

（3）设置页边距

单击"页面设置"组中的"页边距"下拉按钮 ，在打开的下拉列表中选择"普通"页边距，如图3.3所示。用户可以根据需要设置"页边距"，常见的页边距有"普通""窄""适中""宽""镜像"等，默认页边距为"普通"。也可以选择"自定义边距"选项，自定义页边距。

图 3.2　设置纸张大小

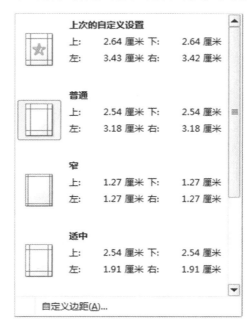

图 3.3　设置页边距

（4）设置纸张方向

单击"页面设置"组中的"纸张方向"下拉按钮 ，在打开的下拉列表中选择"纵向"纸张方向，如图3.4所示。纸张方向分为"纵向"和"横向"两种，默认纸张方向为"纵向"。

2. 制作封面

（1）插入分节符

① 将光标置于"自荐信"文字所在行的行首，在"页面布局"选项卡中，单击"页面设置"组中的"分隔符"下拉按钮 ，在打开的下拉列表中选择"下一页"分节符，如图3.5所示。

② 使用相同的方法，在"个人简历"文字所在行的行首也插入"下一页"分节符，此时，文档共分为3个页面（封面、自荐信、个人简历）。

说明　在"草稿"和"大纲"视图中，"分节符"显示为双虚线，"分页符"显示为单虚线。

（2）设置字体与段落格式

① 在第1页中，选中文字"××职业技术学院"，在"开始"选项卡的"字体"组中，设置其格式为"华文新魏，字号为小初，加粗，水平居中"，再单击"段落"组中的"行和段落间距"下拉按钮 ，在打开的下拉列表中选择"行距选项"选项，如图3.6所示。

图 3.4　设置纸张方向

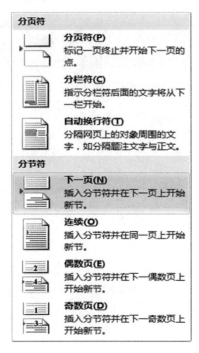

图 3.5 "分隔符"下拉列表　　　　**图 3.6 "行和段落间距"下拉列表**

　　② 在打开的"段落"对话框中,设置"段前"间距为"1 行",如图 3.7 所示,单击"确定"按钮。

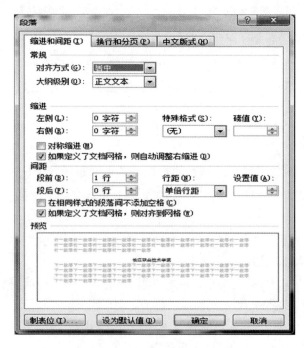

图 3.7 "段落"对话框

③ 选中文字"自荐书",设置其格式为"隶书,字号为94,水平居中"。

④ 选中图片,拖动图片的控制柄,适当缩放该图片并使之"水平居中"。

⑤ 选中"姓名""专业""联系电话""电子邮箱"文字所在的 4 行,设置其格式为"宋体,字号为二号,加粗"。

⑥ 仅选中"姓名"文字所在的行,设置其"段前"间距为"3 行"。

（3）设置制表符并对齐文本

① 将光标置于文字"姓名"前面,在水平标尺的刻度"4"处单击,水平标尺中将出现一个"左对齐制表符"⌞|,此时按 Tab 键,文字"姓名"所在的行将左对齐至制表符标记处,如图3.8所示。

图 3.8　设置"左对齐制表符"

② 使用相同的方法,分别为"专业""联系电话""电子邮箱"所在行添加"左对齐制表符",按 Tab 键,将它们左对齐至制表符标记处。至此"自荐书"的封面已制作完成。

（4）保存工作簿

选择"文件"菜单按钮中的"保存"命令或者按 Ctrl＋S 组合键,在打开的"另存为"对话框中选择适当的保存位置,以"自荐书"为文件名保存文档。

相关知识

1. Word 2010 窗口的组成

Office 2010 办公组件很多,功能也各不相同,但是工作界面都大同小异,主要包括快速访问工具栏、菜单按钮、选项标签、功能区、状态栏、视图按钮、标题栏、文档编辑区等,Word 2010 的窗口界面如图3.9所示。

2. 字符和段落的格式化

字符的格式化,包括对各种字符的字体、大小、字形、颜色、字符间距、字符之间的上下位置及文字效果等进行设置。

段落的格式化,包括对段落左右边界的定位、对齐方式、缩进方式、行间距、段间距等进行设置。

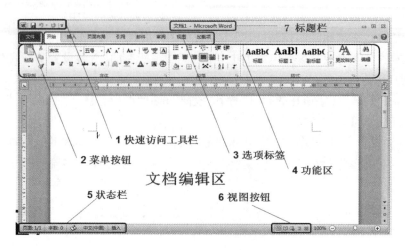

图 3.9　Word 2010 的窗口界面

3. 制表位

制表位是指水平标尺上的位置,它指定文字缩进的距离或一栏文字开始的位置。制表位可以让文本向左、向右或居中对齐;或者将文本与小数字符或竖线字符对齐。制表位是一个对齐文本的有力工具。

设置制表位的方法:单击水平标尺最左端的"左对齐式制表符" ⌐,直到它更改为所需制表符类型:"左对齐式制表符" ⌐、"居中式制表符" ⊥、"右对齐式制表符" ⌐、"小数点对齐式制表符" ⊥ 或"竖线对齐式制表符" ⌐,然后在水平标尺上单击要插入制表位的位置。

 能力提升

1. 显示隐藏标尺

首先,我们来说说 Word 标尺怎么调出来。如果你在文档中没有看到标尺,那说明你的标尺被隐藏了,我们可以进入"视图"→"显示",在这里我们在标尺前面的方框打钩,即可显示标尺,取消勾选则是隐藏。

2. 首行缩进

我们在写作时,经常会在段前空两格。每一段都要空两格,这样太麻烦。我们可以先写好文章,然后选中全文,按住键盘上的"ALT"键,在标尺上拖动倒三角,即可快速进行首行缩进。

3. 悬挂缩进

拖动左侧的倒三角可实现"首行缩进",拖动下面的正三角则可实现"悬挂缩进"。

4. 左右缩进

选中全文后,我们拖动标尺上面的正方形可实现"左缩进",拖动标尺右边的三角可实现"右缩进"。

5. 标尺设置页边距

我们还可以直接通过标尺来调整上、下、左、右的页边距。将光标放到水平和垂直标尺的灰白交界处,鼠标将会变成"双向箭头",此时,我们按住左键拖动,即可快速调整页边距。

 课后练习

选择题

1. Word 是 Microsoft 公司开发的一个(   )。

A. 操作系统   B. 表格处理软件   C. 文字处理软件   D. 数据库管理系统

2. 在 Word 2010 的编辑状态下打开了 W1. docx 文档,将当前文档以 W2. docx 为名进行"另存为"操作,则(   )。

A. 当前文档是 W1. docx   B. 当前文档是 W2. docx

C. 当前文档是 W1. docx 和 W2. docx   D. 这两个文档全部被关闭

3. 在 Word 中,要实现插入状态和改写状态的切换,可以使用鼠标(   )状态栏上的"改写"或"插入"。

A. 单击   B. 双击   C. 右击   D. 拖动

4. 在 Word 编辑状态下,操作的对象经常是被选择的内容,若鼠标在某行行首的左边,下列(   )操作可以仅选择光标所在的行。

A. 双击鼠标左键   B. 单击鼠标右键

C. 将鼠标左键击三下   D. 单击鼠标左键

5. 页面设置对话框由 4 个部分组成,不属于页面对话框的是(   )。

A. 版面   B. 纸张大小   C. 纸张来源   D. 打印

6. 要使单词以粗体显示,应进行(   )操作。

A. 选定单词并单击粗体按钮   B. 选定单词按 Ctrl+空格键

C. 单击粗体按钮然后输入单词   D. A 和 C 都对

7. 通过使用(   ),可以设置或删除自定义制表位。

A. 水平标尺和鼠标   B. 制表位对话框

C. 断字对话框   D. A 和 B

8. (   )不是格式工具栏上的对齐按钮。

A. 左对齐   B. 左调整对齐   C. 居中   D. 右对齐

9. 下列操作中,执行(   )不能选取全部文档。

A. 执行"编辑"菜单中的"全选"命令或按"Ctrl+A"组合键

B. 将光标移到文档的左边空白处,当光标变为一个空心箭头时,按住"Ctrl"键,单击鼠标

C. 将光标移到文档的左边空白处,当光标变为一个空心箭头时,连续三击鼠标

D. 将光标移到文档的左边空白处,当变为一个空心箭头时,双击鼠标

10. 要设置精准的缩进量,应当使用(   )方式。

A. 标尺   B. 样式   C. 段落格式   D. 页面设置

任务 3.1.2　制作自荐信

任务效果

在自荐信中，一般用文字来叙述求职者的爱好、兴趣、专业等，为了使页面更美观，可对自荐信所在页面添加艺术型页面边框，效果如图 3.10 所示。

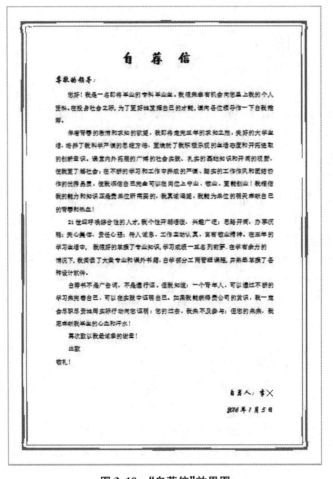

图 3.10　"自荐信"效果图

制作自荐信

技术分析

① 通过"插入"选项卡中的"日期和时间"按钮，可以设置自荐信落款时间。

② 通过"字体"和"段落"对话框以及"格式刷"按钮进一步设置文档内容格式。

③ 通过"页面布局"选项卡中的"页面边框"按钮,可以为内容和页面设置边框。

 **任务实现**

1. 插入日期

① 在自荐信中,把光标置于最后一行空行中,在"插入"选项卡中,单击"文本"组中的"日期和时间"按钮  ,打开"日期和时间"对话框。

② 在打开的"日期和时间"对话框中,选择合适的日期格式,并选中"自动更新"复选框,如图3.11所示,单击"确定"按钮,插入当前日期,并在今后打开该文档时会自动更新日期。

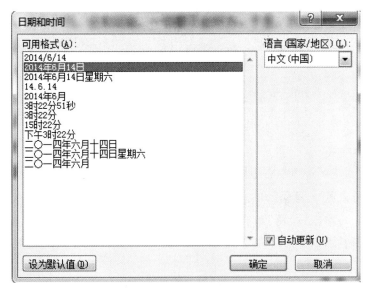

图3.11 "日期和时间"对话框

2. 设置字体格式

字体格式设置主要是对文字(汉字、英文字母、数字字符以及其他特殊符号)的大小、行距、颜色、字间距和各种修饰效果等进行设置。

① 选中首行文字"自荐信",在"开始"选项卡的"字体"组中(或在浮动工具栏中),将字体设置为"华文新魏,字号为一号,加粗";单击"字体"组右下角的"字体"按钮 ,打开"字体"对话框,如图3.12所示,在"高级"选项卡中设置字符间距为"加宽,13磅",单击"确定"按钮。

② 选中文本中的"尊敬的领导:",将其字体设置为"华文行楷,四号",保持选中"尊敬的领导:",单击"剪贴板"组中的"格式刷"按钮 ,拖动鼠标(此时鼠标指针形状变为"格式刷"),选中"自荐人:"和"日期"所在段落,将它们的格式也设置为"华文行楷,四号"。

③ 将正文文字(从"您好"到"敬礼"为止)的字体格式设置为"宋体,小四"。

图 3.12 "字体"对话框

3. 设置段落格式

段落格式设置主要是对左右边界、对齐方式、缩进方式、行间距、段间距等进行设置。

① 选中标题文字"自荐信",单击"段落"组中的"居中"按钮 ▤。选中正文段落(从"您好"到"敬礼"为止),单击"段落"组右下角的"段落"按钮,打开"段落"对话框,如图 3.13 所示,在"缩进和间距"选项卡中,设置段落格式为"左对齐,首行缩进 2 字符,1.5 倍行距",单击"确定"按钮。

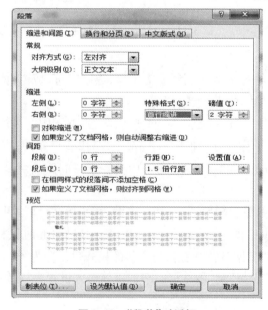

图 3.13 "段落"对话框

② 将光标定位在"敬礼"所在的段落,拖动水平标尺中的"首行缩进"滑块至左边界处,取消"敬礼"所在段落的首行缩进。

③ 选中最后两行内容(即"自荐人"和"日期"所在的两行),单击"段落"组中的"文本右对齐"按钮▤,使这两行内容右对齐,并将"自荐人"所在段落的格式设置为"段前间距2行"。

4. 添加页面边框

① 在"页面布局"选项卡中,单击"页面背景"组中的"页面边框"按钮📄,打开"边框和底纹"对话框。

② 在"设置"区域中选择"方框"选项,在"颜色"下拉框中选择"黑色,文字1,淡色50%"选项,在"艺术型"下拉框中选择合适的艺术边框,在"应用于"下拉框中选择"本节"选项,如图3.14所示,单击"确定"按钮。

图3.14 "边框和底纹"对话框

至此,自荐信已制作完成。

 **相关知识**

1. 设置字体格式

字体格式设置主要是对文字(汉字、英文字母、数字字符以及其他特殊符号)的大小、字行、颜色、字间距和各种修饰效果等进行设置。

2. 设置段落格式

段落格式设置主要是对左右边界、对齐方式、缩进方式、行间距、段间距等进行设置。

3. 格式刷

利用格式刷可以复制文字格式、段落格式等各种格式。

4. 页面边框

页面边框是指在页面四周的一个矩形边框,可对页面边框的样式、颜色和应用范围等进行设置。

 能力提升

保护文档指为文档设置密码,防止非法用户查看和修改文档内容,从而起到一定的保护作用,操作步骤如下:

① 文档编辑完成后,打开"另存为"对话框,在其中单击"工具"按钮,从弹出的下拉菜单中选择"常规选项"命令,打开"常规选项"对话框。

② 在"打开文件时的密码"文本框中输入密码,密码字符可以是字母、数字和符号,其中字母区分大小写,然后单击"确定"按钮,打开"确认密码"对话框。

③ 在该对话框的文本框中再次输入密码,然后单击"确定"按钮。如果两次输入密码一致,则返回"另存为"对话框,否则出现含有提示信息"密码确认不符"的对话框,单击"确定"按钮,重新设置密码。

④ 若密码确认相符,则返回"另存为"对话框,在其中设置保存路径和文件名。

密码设置完成后,每次重新打开此文档,就会出现"密码"对话框,要求用户输入密码。若密码输入正确,则文档会被打开。

当需要取消已设置的密码时,只要用正确的密码打开文档,然后打开"常规选项"对话框,将"打开文件时的密码"文本框中的所有星号"＊"删除,然后单击"确定"按钮即可。

 课后练习

选择题

1. Word 把格式化分为( )类。

A. 字符、段落和句子格式化　　　　B. 字符、句子和页面格式化

C. 句子、页面格式和段落格式化　　D. 字符、段落和页面格式化

2. 在 Word 中,要设置字符颜色,应先选定文字,再选择"开始"功能区( )分组中的命令。

A. 段落　　　　B. 字体　　　　　C. 样式　　　　　D. 颜色

3. "段落"对话框不能完成下列( )操作 。

A. 改变行与行之间的间距　　　　B. 改变段与段之间的间距

C. 改变段落文字的颜色　　　　　D. 改变段落文字的对齐方式

4. 在段落的对齐方式中,( )可以使段落中的每一行(包括段落的结束行)都能与页面左右边界对齐。

A. 左对齐　　　B. 两端对齐　　　C. 居中对齐　　　D. 分散对齐

5. 在 Word 的编辑状态下,选择了文档全文,若在"段落"对话框中设置行距为 20 磅的格式,应该选择"行距"列表框中的( )。

A. 单倍行距　　B. 1.5 倍行距　　C. 多倍行距　　　D. 固定值

6. 要删除分节符,可将插入点置于双点线上,然后按( )。

A. Esc 键   B. Tab 键   C. 回车键   D. Del 键

7. 在 Word 中,进行段落格式设置的功能最全面的工具是(   )。

A. 制表位对话框   B. 水平标尺

C. 段落对话框   D. 正文排列对话框

8. 要给选中段落的左边添加边框,可单击边框工具栏的(   )按钮。

A. 顶端框线   B. 左侧框线   C. 内部框线   D. 外围框线

任务 3.1.3   制作表格简历

任务效果

使用表格是使文字排版简洁、有效的方式之一。如果将个人简历用表格的形式来表现,会使人感觉整洁、清晰,有条理,效果如图 3.15 所示。

个人简历

姓名	李×	性别	男	出生年月	1999.5
民族	汉	籍贯	皖合肥	政治面貌	中共党员
学历	大专	专业	计算机	外语水平	CET四级
毕业学校	××职业技术学院			联系电话	1300536×××
通讯地址	××市庐阳区美都新城A4幢202室			电子邮箱	Li×××163.com
担任职务	◇ 高中：班长、广播站站长等职务 ◇ 大学：班长、系学生会主席等职务				
专业课程	◇ Dreamweaver ◇ 数据库基础 ◇ Photoshop ◇ CorelDEAW ◇ FLASH ◇ JSP				
获得证书	◇ 大学英语B级证书 ◇ 大学英语四级证书 ◇ 计算机国家三级证书 ◇ 学院一等奖学金				
专业特长	◇ 精通Dreamweaver网站设计，熟练掌握Photoshop、FLASH等设计软件 ◇ 熟悉HTML、JSP语言及CorelDRAW的使用 ◇ 对广告设计和手绘有一定功底				
自我评价	◇ 性格热情开朗、待人友好，为人诚实谦虚； ◇ 工作勤奋，认真负责，能吃苦耐劳，尽职尽责，有耐心； ◇ 具有亲和力，平易近人，善于与人沟通				
求职意向	◇ 平面设计师、网页设计师等				

图 3.15 "个人简历"效果图

技 术 分 析

① 通过使用"插入"选项卡中的"表格"按钮,可以插入表格。

② 通过使用"合并单元格""拆分单元格"命令,可以对表格结构进行设置。

③ 通过"边框和底纹"命令,可以对表格进行修饰,达到美化版面的效果。

④ 通过使用"表格工具"选项卡中的"布局"子选项卡,可以对表格属性进行进一步设置。

⑤ 通过使用"开始"选项卡中的"项目符号"命令,可以为表格内容设置项目符号。

任务实现

制作表格简历

1. 插入表格

① 在个人简历中,使用"格式刷"工具复制文字"自荐信"的格式至文字"个人简历"。

② 将光标定位在下一空行中(第2行),在"插入"选项卡中,单击"表格"组中的"表格"下拉按钮 ▦,在打开的下拉列表中选择"插入表格"选项,如图3.16所示。

③ 在打开的"插入表格"对话框中,设置表格的列数为7、行数为11,如图3.17所示,单击"确定"按钮。

图3.16 "表格"下拉列表

图3.17 "插入表格"对话框

2. 合并单元格

在设计复杂表格的过程中,当需要将表格的若干个单元格合并为一个单元格时,可以利用 Word 提供的单元格合并功能来实现。当需要把一个单元格拆分为多个单元格时,可利用单元格的拆分功能来实现。

① 选中表格第 7 列中的第 1～5 行,右击,在弹出的快捷菜单中选择"合并单元格"命令,如图 3.18 所示,将这 5 个单元格合并成一个单元格。

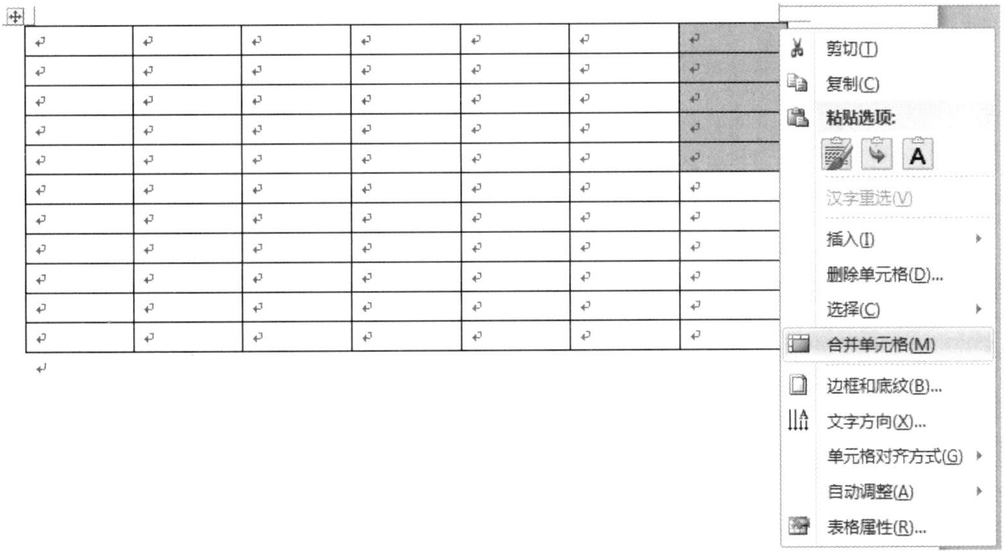

图 3.18　合并单元格

② 选中表格第 4 行中第 2 至第 4 列单元格,右击,在弹出的快捷菜单中选择"合并单元格"命令;选中第 5 行中第 2 至第 4 单元格,将单元格合并;再分别将第 6、7、8、9、10、11 行的第 2 至第 7 列单元格合并,单元格合并后的效果如图 3.19 所示。

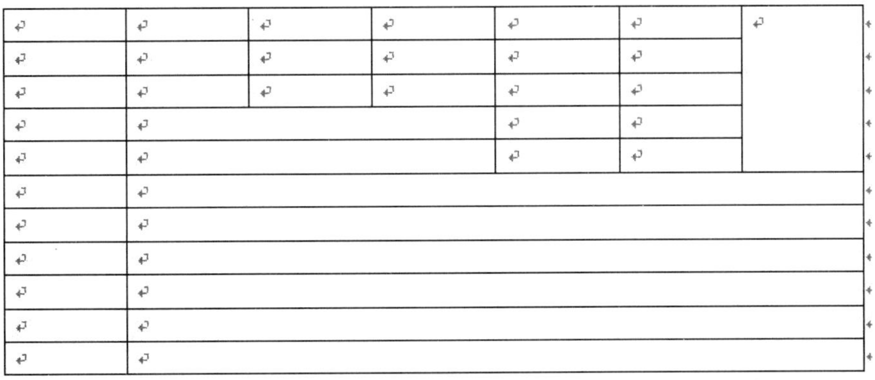

图 3.19　合并单元格后的效果图

3. 设置表格的底纹

为表格设置边框和底纹,对创建的表格进行修饰,以达到美化版面的效果。

① 选中表格第 1 列中第 1 至第 11 行,右击,在弹出的快捷菜单中选择"边框和底纹"的命令,打开"边框和底纹"对话框,在"底纹"选项卡中,将底纹的填充颜色设置为"白色,背景

1,深色 25％",如图 3.20 所示。

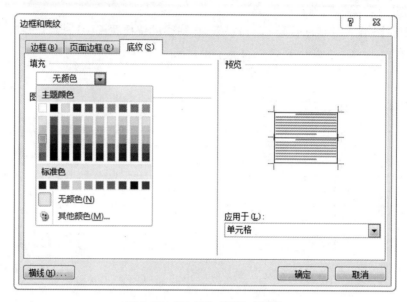

图 3.20 "边框和底纹"对话框

② 使用相同的方法,将第 3 列中第 1 至第 3 行单元格和第 5 列中第 1 至第 5 行单元格的底纹设置为"白色,背景 1,深色 25％",设置底纹后的效果如图 3.21 所示。

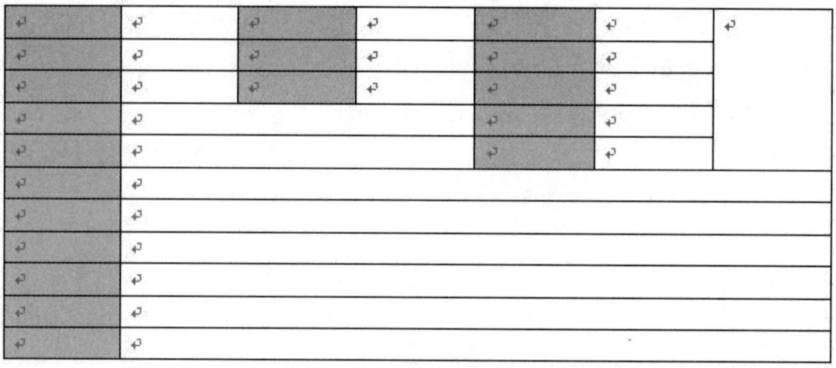

图 3.21 添加底纹后的表格效果图

4. 输入表格内容

① 在已设置底纹的单元格中输入"姓名""性别"等文字,字体格式设置为"仿宋,小四,加粗"。

② 在其他空白单元格中添加相关文字,字体格式设置为"宋体,五号",如图 3.22 所示。

5. 设置表格行高

① 选中表格第 1 至第 5 行,在"表格工具"的"布局"选项卡中单击"表"组中的"属性"按钮 ,打开"表格属性"对话框,在"行"选项卡中选中"指定高度"复选框,并将行高设置为 0.7 厘米,如图 3.23 所示,单击"确定"按钮。

个 人 简 历

姓名	李×	性别	男	出生年月	1999.5
民族	汉	籍贯	皖合肥	政治面貌	中共党员
学历	大专	专业	计算机	外语水平	CET 四级
毕业院校	××职业技术学院			联系电话	1300563××××
通信地址	××市庐阳区美都新城 A4 幢 202 室			电子邮箱	Li××163.com
担任职务	高中：班长、广播站站长等职务 大学：班长、系学生会主席等职务				
专业课程	Dreamweaver 数据库基础 Photoshop CorelDRAW FLASH JSP				
获得证书	大学英语 B 级证书 大学英语四级证书 计算机国家三级证书 学院一等奖学金				
专业特长	精通 Dreamweaver 网站设计，熟练掌握 Photoshop、FLASH 等设计软件 熟悉 HTML、JSP 语言以及 CorelDRAW 的使用 对广告设计和手绘有一定功底				
自我评价	性格热情开朗，待人友好，为人诚实谦虚； 工作勤奋，认真负责，能吃苦耐劳，尽职尽责，有耐心； 具有亲和力，平易近人，善于与人沟通				
求职意向	平面设计师、网页设计师等				

图 3.22　添加相关文字后的表格

图 3.23　"表格属性"对话框

② 使用相同的方法,设置表格第 6 至第 11 行的行高为 3 厘米。

6. 设置单元格的对齐方式

在表格中,单元格的对齐方式可以在水平和垂直两个方向上进行调整。

① 选中表格第 1 至第 5 行单元格,在"表格工具"的"布局"选项卡中,单击"对齐方式"组中的"水平居中"按钮 ▤ ,使单元格中的文字在水平和垂直两个方向上都居中。

② 使用相同的方法,设置表格中第 6 至第 11 行第 1 列单元格中的所有文字在水平和垂直两个方向上都居中。

③ 选中表格第 6 至第 11 行第 2 列中的所有文字,在"表格工具"的"布局"选项卡中,单击"对齐方式"组的"中部左对齐"按钮 ▤ ,使单元格中的文字在垂直方向上居中。

7. 设置文字方向

选中"担任职务""专业课程""获奖证书""专业特长""自我评价""求职意向"所在的单元格,在"表格工具"的"布局"选项卡中,单击"对齐方式"组中的"文字方向"按钮 ▤ ,单元格中的文字将垂直排列。

8. 添加项目符号

为了使个人简历中的相关内容层次分明,易于阅读和理解,可以为各栏目中的段落添加各种形式的符号。

① 选中"担任职务""专业课程""获奖证书""专业特长""自我评价""求职意向"等栏目右侧的所有文本段落,即选中表格中第 6 至第 11 行第 2 列单元格中的所有文字。

② 在"开始"选项卡中,单击"段落"组中的"项目符号"下拉按钮 ☰· ,在打开的下拉列表中选择最后一个项目符号,如图 3.24 所示。

图 3.24 "项目符号"下拉列表

9. 设置表格边框

在默认情况下,表格的所有边框都为"0.5磅"的黑色直线。为了达到美化表格的目的,可对表格边框的线型、粗细、颜色等进行修改。

以下将以设置表格的外侧框线为"双细线 ＝＝＝"内侧边框线为"虚线·－－－－"为例进行介绍。

① 选中整张表格后,右击,在弹出的快捷菜单中选择"边框和底纹"命令,打开"边框和底纹"对话框,在"边框"选项卡中,在"设置"区域中选择"方框"选项,选择"样式"为"双细线 ＝＝＝",在对话框中右侧可预览设置效果,单击"确定"按钮,从而将表格外框线设置为四周双细线边框。

② 选中整张表格,右击,在弹出的快捷菜单中选择"边框和底纹"命令,打开"边框和底纹"对话框,在"边框"选项卡中,在"设置"区域中选择"自定义"选项,选择"样式"为"虚线·－－－－",单击对话框右侧"预览"效果图中心的某一位置,"预览"效果图中将出现"＋"形状虚线,如图3.25所示,单击"确定"按钮,从而将表格内侧框线设置为虚线。

图3.25　设置表格边框线

至此,"表格简历"已制作完成。

10. 打印输出

打印文档之前,最好先预览一下打印效果,以确保打印出来的内容与所期望的一致。

① 选择"文件"→"打印"命令,如图3.26所示,文件的纸张大小、纸张方向、页面边距等设置都可以在"设置"区域查看,在窗口右侧的预览区域可以查看打印预览效果,并且还可以通过调整窗口右下角的缩放滑块来缩放预览视图的大小。

在确认需打印的文档正确无误后,即可打印文档。

② 在图3.26所示的界面中,在"打印机"下拉列表中选择已安装的打印机,设置合适的

打印份数、打印范围等参数后,单机"打印"按钮,开始打印输出。

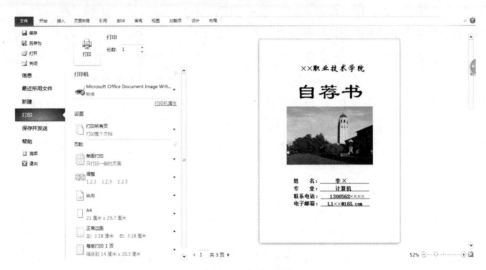

图 3.26 打印预览

 相关知识

1. 表格的制作

表格由若干行和若干列组成,行和列交叉成的矩形部分称为单元格,单元格中可以填入文字、数字、图片等。

表格可用来组织文档的排版,文档中经常需要使用表格来呈现有规律的文字和数字,有时还需要用表格将文字段落并行排列。

对表格的编辑,一是以表格为对象进行编辑,包括表格的移动、对齐方式、文字环绕,设置行高和列宽,设置边框和底纹等;二是以单元格为对象进行编辑,包括选定单元格区域,单元格的插入和删除,单元格的合并和拆分,单元格中对象的对齐方式等。

2. 项目符号和编号

项目符号和编号用于对一些重要条目进行标注或编号,用户可以为选定段落添加项目符号或编号,Word 提供了多种项目符号、编号的形式,用户也可以自定义项目符号和编号。

3. 打印预览及打印输出

"打印预览"就是在正式打印之前,预先在屏幕上观察即将打印文件的打印效果,确定是否符合设计要求,如果符合,就可以打印了。打印前可以对打印的范围、份数、纸张和是否双面打印等进行设置。

 能力提升

1. 快速、精确地移动表格位置

在 Word 中调整表格位置时,如果想要左右移动表格到合适的位置,我们通常会先将鼠

标光标移动到表格的左上角,直到左上角出现控制柄图标后,再用鼠标左键按住控制柄,拖动表格即可移动表格的位置。但其实还有一个简单的方法,可以快速移动。

操作方法:选中表格后,在页面顶部使用鼠标拖动标尺,即可左右精准地移动表格位置。

2. 自动调整表格

在默认情况下,Word 中无论插入的表格是多少列,它都会自适应页面的宽度。但是从 Excel 中复制表格到 Word 中,其大小往往和 Word 不匹配,要么太大,要么太小,非常不美观。这个时候,如何快速调整表格大小呢?

操作方法:你只需要选中表格,点击"表格工具"→"布局"→"单元格大小"→"自动调整"按钮,然后选择"根据内容自动调整表格"命令,即可让表格自动适用于文字内容。如果选择"根据窗口自动调整表格"命令,则可以快速让表格自适应文档页面宽度。

3. 快速统一表格行高、列宽

在制作表格时,由于表格中每列数据内容不同,我们时常会根据数据长度来调整表格的行高或列宽,但逐个调整起来十分麻烦,如果调整后的表格行高或列宽不一致,还会让表格非常不美观。那么,为了让表格行高或列宽快速统一,并整齐规范,应该如何操作呢?

操作方法:选中表格,点击"表格工具"→"布局"→"单元格大小"→"分布行"和"分布列"按钮,即可快速将表格行高和列宽进行统一。

 **课后练习**

选择题

1. 在 Word 表格中,单元格内能输入的信息(   )。

A. 只能是文字   B. 只能是文字或符号

C. 只能是图像   D. 文字、符号、图像均可

2. 在表格中可以像对待其他文本一样,(   )格式化每一个单元格里的文本。

A. 通过单击常用工具栏上的按钮或选择菜单命令

B. 通过单击格式工具栏上的按钮

C. 通过单击字体工具栏上的按钮

D. 通过单击表格与边框工具栏上的按钮

3. 在表格里编辑文本时,选择整个一行或一列以后,(   )就能删除其中的所有文本。

A. 按空格键   B. 按"Ctrl+Tab"键

C. 单击"Cut"按钮   D. 按"Del"键

4. 当插入点在表的最后一行最后一单元格时,按"Tab"键,将(   )。

A. 在同一单元格里建立一个文本新行

B. 产生一个新列

C. 将插入点移到新的一行的第一个单元格

D. 将插入点移到第一行的第一个单元格

5. 要在表格里的右侧增加一列,首先选择表右侧的所有行结束标记,然后单击常用工

具上的(　　)按钮。

　　A. 插入行　　　　B. 插入列　　　　　　C. 增加行　　　　　　D. 增加列

　6. 在 Word 文档中,插入表格的操作时,正确的说法是(　　)。

　　A. 可以调整每列的宽度,但不能调整高度

　　B. 可以调整每行和列的宽度和高度,但不能随意修改表格线

　　C. 不能画斜线

　　D. 以上都不对

　7. 在打印文档之前可以预览,以下命令中正确的是(　　)。

　　A. 选择文件菜单中的"打印预览"命令

　　B. 单击常用工具栏中的"打印"按钮

　　C. 单击常用工具栏中的"打印预览"按钮

　　D. A 和 C 都正确

　8. 打印预览中显示文档外观与(　　)的外观完全相同。

　　A. 草稿视图显示　　　　　　　　　B. 页面视图显示

　　C. 实际打印输出　　　　　　　　　D. 大纲视图显示

　9. 在 Word 的(　　)视图方式下,可以显示分页效果。

　　A. 阅读版式　　　B. 大纲　　　　　　C. 页面　　　　　　D. Web 版式

项目 3.2 艺术小报排版

　　小李同学作为学院的宣传部长,近期接到一项工作,要在本期院刊中制作宣传本地乡村旅游景点——溪口镇的板块,他开始收集相关素材,设计版面,但是随着制作过程的深入,他发现很多效果制作不出来,遇到的主要问题如下:

　　① 如何在不同的页面设置不同的页眉内容?

　　② 如何让一个文字块放置在一个特定的位置?

　　③ 如何插入艺术化横线?

　　④ 如何在一个页面中分两栏排列文字?

　　⑤ 如何让文字包围图片?

　　⑥ 如何给文章加上艺术化边框?

　　随着交稿日期的临近,小李同学只好向张老师求助,希望张老师帮助解决所遇到的各种问题。

任务 3.2.1 艺术小报排版

　　院刊可分为两个版面,可正反面打印,以节约纸张。首先,要设置好每个版面的纸张大小、页边距等,并设置页眉和页脚"奇偶页不同",这样可对奇数页和偶数页设置不同的页眉内容。然后对每个版面进行具体布局,根据每篇文章字数的多少以及内容重要性程度不同,把各篇文章或图片按照均衡、协调的原则在版面中进行合理"摆放"。从而把版面划分成若干板块。最重要的板块是报头,可通过插入艺术字、图片等设计出美观、大方的报头。

　　由于文本框可调大小,并可任意移动位置,因此,对于字数较少的文章,可把它放入文本框中,方便布局。对于字数较多的文章,可分为两栏排列,还可以在文章中插入图形、剪贴画等,以美化板块。对于图片、剪贴画等图形对象,还可设置它的文字环绕方式。为了使各个板块之间层次分明、美观,可对文本框设置艺术化边框,还可在板块之间插入艺术化横线。

　　由以上分析可知,"艺术小报排版"可分解为版面设置、版面布局、报头艺术设计、正文格式设置、插入图形和剪贴画、分栏设置、文本框设置等 7 个任务。

　　完成效果图(上半部分)如图 3.27 所示。

宣城市溪口镇

口镇位于宣城市宣州区南端，东南与宁国市交界，西与泾县接壤，北部周王及新田镇，全镇总面积187.84平方公里，森林覆盖率达87%，辖8辉村、狮峰村、红星村、东溪村、金龙村、新汤村、四和村、天竺村、溪口社区、华阳社区，人口26000人。

境内气候温和，雨量充沛，土地肥沃，物产丰富，（其中林业用地24.58万亩，茶园2.1万亩，年产干茶450吨，有以高山茶为品牌的系列茶，如：塔泉云雾、溪口剑芽、天竺云芽、古雪剑芽等品牌，年产值3100万元，木材蓄积量26.23万立方米，毛竹蓄积量537万根）。

资源

境内有着独特的自然条件和优越的生态环境。这里山峦叠翠，林木森森，自然景观清奇峻美，是人们休闲、度假、旅游的好去处；这里香气清新，水质纯洁甘甜，农副产品来自天然，无任何污染，系安徽省生态经济示范镇、农业省农产品标准化绿茶项目示范建设区；这里人文景观古朴，文化积淀深邃，旅游产品体现了厚重的文化底蕴。

图3.27 效果图

技术分析

① 页面设置包括设置纸张大小、纸张方向、页面距、页面版式等。

② 文本框是指一种可移动、可调节大小的文字或图形容器。

③ 利用剪贴画功能可在 Word 文档中添加图形和色彩，这是对文字内容的重要补充，可增强修饰效果，常用于文章、新闻稿或名片中。

页面设置

任务实现

1. 操作1：版面设置

（1）页面设置

艺术小报的页面可设置为 A4 纸张，纸张方向为纵向。

步骤1：启动 Word 2010 程序，在"页面布局"选项卡中，单击"页面设置"组中的"页面设置"按钮，打开"页面设置"对话框，在"纸张"选项卡中，选择纸张大小为 A4，如图3.28所示。

步骤2：在"页边距"选项卡中，设置页边距为"上2.5厘米，下2.5厘米，左2厘米，右2厘米"，选择纸张方向为"纵向"，如图3.29所示。

由于艺术小报共有2个版面，还需添加一个版面。

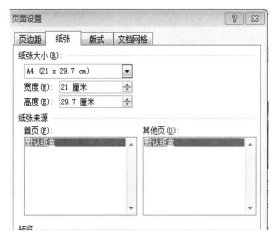

图 3.28　纸张设置

图 3.29　页面设置

步骤 3：在"插入"选项卡中，单击"页"组中的"分页"按钮，此时会插入另一个空白页面，组成 2 个空白版面。

（2）页眉设置

为奇数页和偶数页设置不同的页眉内容，如图 3.30 所示。

图 3.30　页眉设置

步骤 1：在"插入"选项卡中，单击"页眉和页脚"组中的"页眉"下拉按钮，在打开的下拉列表中选择"编辑页眉"选项，此时空白页面中显示了页眉。

步骤 2：把光标定位于第 1 页的页眉（奇数页页眉）中，在"开始"选项卡中，单击"段落"组中的"两端对齐"按钮，此时光标位于页眉的最左端，在第 1 页的页眉中输入文字"窗口"，然后按 4 次 Tab 键，光标会移至页眉的右端。

步骤 3：在"插入"选项卡中，单击"页眉和页脚"组中的"页码"下拉按钮，在打开的下拉列表中选择"当前位置"→"普通数字"选项，此时会在光标所在的位置插入页码"1"。

步骤 4：单击"快速访问工具栏"中的"保存"按钮，把文件保存在桌面上，命名为"××市旅游景点介绍.docx"。

2. 操作2：版面布局

版面布局就是把各篇文章或图片按照均衡、协调的原则在版面中进行合理"摆放"，从而把版面划分成若干板块。版面布局十分重要，它直接影响刊物的美观程度。

由于各板块的内容没有分栏，具有"方块"特点，可用文本框进行版面布局。

步骤1：在"插入"选项卡中，单击"文本"组中的"文本框"下拉按钮，在打开的下拉列表中选择"绘制文本框"选项，此时光标形状变为"＋"形状。

步骤2：对照图3.27中的效果图，编辑文本框。

3. 操作3：正文格式设置

先复制各篇文章的文字素材到相应的文本框或板块中，然后设置各篇文章的具体格式。

步骤1：将各篇文章的文字素材复制到相应的文本框或板块中，复制"溪口镇"文章内容后，使它们在板块中合理布局，并与"表头"板块保留一定距离。

注意："溪口镇"板块下方的空行不要删除。

步骤2：把"生态溪口"文章内容（不含文章标题"生态溪口"）复制到"生态溪口"文本框内的第1个横排文本框中，2个横排文本框之间已经建立了链接，第1个横排文本框中显示不下的文字会自动转移到第2个横排文本框中显示，而且第2个横排文本框中的文字紧接第1个横排文本框中的文字。在"资源"文本框内的中间的竖排文本框中输入文章标题"资源"（图3.27）。

步骤3：把"生态溪口"文章内容（含标题）复制到"生态溪口"文本框内，选中该文本框中的所有文字，在"页面布局"选项卡中，单击"页面设置"组中的"文字方向"下拉按钮，在打开的下拉列表中选择"垂直"选项，如图3.31所示。文本框内所有文字的排列方向改为垂直方向。图3.31为艺术小报下半部分效果图。

图3.31　文字效果图

步骤 4：适当调整 2 个版面中各个文本框的大小，使各个文本框都能显示文本框内的所有文字。

步骤 5：设置"溪口镇"的格式为"华文新魏，五号，黑色，左对齐，首字下沉三字符"；"资源"板块的格式为"宋体，五号，黑色，居中，25％灰色底纹"；标题"生态溪口"的格式为"宋体，五号，居中"。

4. 操作 4：插入图片

步骤 1：在第一段前插入一张图片，如图 3.32 所示。

口镇位于宣城市宣州区南端，东南与宁国市交界，西与泾县接壤，北邻周王及新田镇，全镇总面积 187.84 平方公里，森林覆盖率达 87%，辖 8 辉村、狮峰村、红星村、东溪村、金龙村、新汤村、四和村、天竺村、溪口社区、华阳社区，人口 26000 人。

图 3.32　插入图片

步骤 2：选择图片，设置图片自动换行版式为四周型。

5. 操作 5：文本框设置

步骤 1：再次适当调整 2 个版面中各个文本框的大小，直到每个文本框的空间比较紧凑，不留空位，同时又刚好显示出每篇文章的所有内容。

步骤 2：选中"溪口镇"文本框，在"格式"选项卡的"形状样式"组中，选择"形状轮廓"为"无轮廓"，此时该文本框的框线不显示。

步骤 3：使用相同的方法，设置 2 个版面中所有文本框的框线不显示（无轮廓）。

相关知识

1. 页面设置

页面设置包括设置纸张大小、纸张方向、页面距、页面版式等。

2. 文本框

在 Word 中，文本框是指一种可移动、可调大小的文字或图形容器。使用文本框，可以将文本放置于页面中的任意位置，而且在一页上可放置多个文本框，人们经常使用文本框对版面进行布局。文本框也属于一种图形对象，因此可以为文本框设置各种边框格式、选择填充色、添加阴影、设置文字环绕方式等，还可使文本框中的文字与文档中其他文字有不同的排列方向（横排、竖排）。

3. 剪贴画

利用剪贴画功能可在 Word 文档中添加图形和色彩，这是对文字内容的重要补充，可增强修饰效果,常用于文章、新闻稿或名片中。

4. 分栏

分栏是文档排版中常用的一种版式,它使页面在水平方向上分为两栏或多栏,文字是逐栏排列的,填满一栏后才转到下一栏,文档内容分列于不同的栏中。分栏使页面排版灵活,阅读方便,在各种报纸和杂志中应用非常广泛。

5. 艺术字和艺术横线

艺术字是一种特殊的图形,它以图形的方式来展示文字,具有美术效果,能够美化版面,广泛应用于宣传、广告、商标、标语、黑板报、报纸杂志和书籍的包装上等,越来越被大众喜欢。

艺术横线是图形化的横线,常用于隔离板块,美化整体版面。

 能力提升

1. 快速定位到上次编辑位置

当我们在打开 Word 文件后,如果按下"Shift+F5"键就会发现光标已经快速定位到你上一次编辑的位置了。

2. 快速插入当前日期或时间

有时写完一篇文章,觉得有必要在文章的末尾插入系统的当前日期或时间,一般是通过选择菜单来实现的。也可以通过按"Alt+Shift+D"键来插入系统日期,而按下"Alt+Shift+T"组合键则插入系统当前时间。

3. 快速多次使用格式刷

Word 中提供了快速多次复制格式的方法:双击格式刷,可以将选定格式复制到多个位置,再次单击格式刷或按下"Esc"键即可关闭格式刷。

 **课后练习**

Word 操作题

1. 将全文中的所有"《经济学家》"设为粗体、蓝色。

2. 将正文的行间距设置为 1.5 倍行距。

3. 在正文的第三段的"在很多大企业中,现在……"这一句前插入"另外,"。

个人电脑时代行将结束?

最新一期英国《经济学家》周刊载文预测,随着手持电脑、电视机顶置盒、智能移动电话、网络电脑等新一代操作简易、可靠性高的计算装置的迅速兴起,在未来五年中,个人电脑在计算机产业中的比重将不断下降,计算机发展史上个人电脑占主导地位的时代行将结束。

该杂志引用国际数据公司最近发表的一份预测报告称,虽然目前新一代计算装置的销量与个人电脑相比还微不足道,但其销售速度在今后几年内将迅猛增长,在几年内其销量就会与个人电脑基本持平,此后还将进一步上升。以此为转折点,以个人电脑为主导的时代将走向衰落。

  《经济学家》分析认为,个人电脑统治地位的岌岌可危与个人电脑的发展现状有很大关系。对一般并不具备多少电脑知识的个人用户来说,现在的个人电脑操作显得过于复杂;而对很多企业用户来说,个人电脑单一的功能也无法满足迅速发展的网络电子商务对计算功能专门化、细分化的要求。在很多大企业中,现在常常采用个人电脑与功能强大的中央电脑相连的工作模式。

项目 3.3　毕业论文排版

Word 功能非常强大,是我们编辑论文的常用工具。如果我们能充分应用 Word 中的这些功能,将会给大家编辑论文提供有力的帮助。

任务 3.3.1　毕业论文排版

"毕业论文排版"可以分解为:设置页面和文档属性;设置标题样式和多级列表;添加题注和脚注;自动生成目录;插入分节符,把论文分为 3 部分;利用插入域的方法添加论文正文的页眉;在页脚中添加页码并更新目录;添加论文摘要和封面;使用批注和修订。

完成效果图如图 3.33、图 3.34 所示。

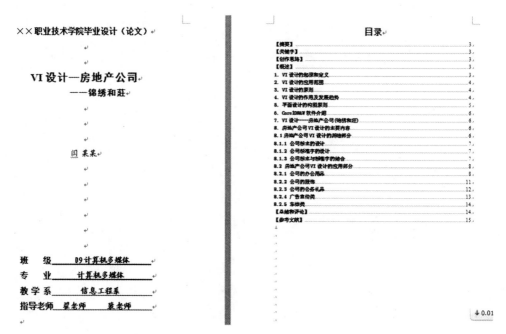

图 3.33　毕业论文排版效果图

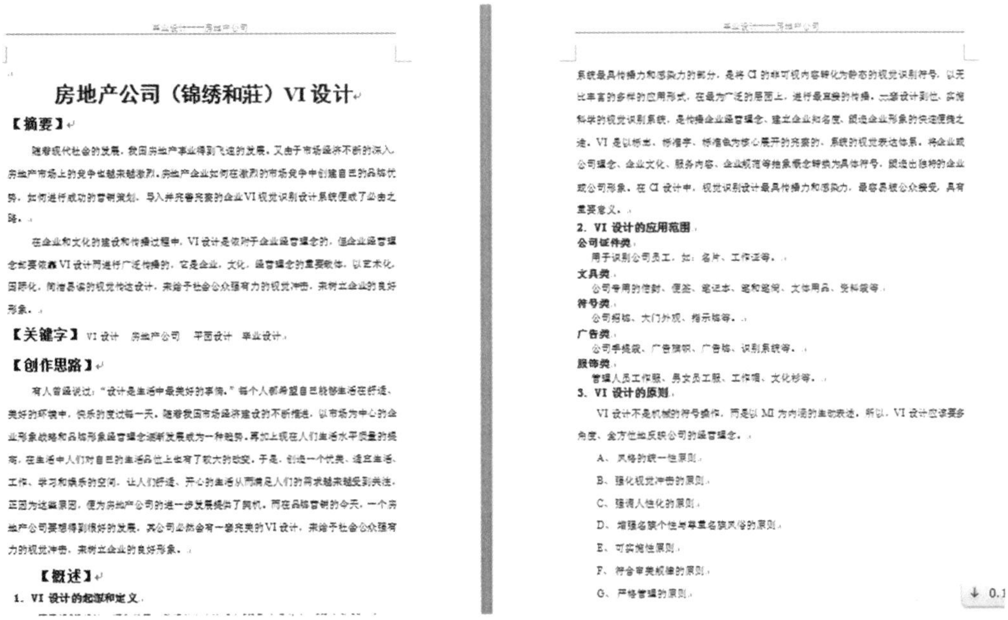

图 3.34　完成效果图

技术分析

① 文档属性包含了文档的详细信息,如:标题、作者、主题、类别、关键字、文件长度、创建日期、最后修改日期和统计信息等。

② 样式就是一组已经命名的字符格式或段落格式,可以应用于一个段落或者段落中选定的字符。

③ 目录是长文档不可缺少的部分。通过目录可了解文档结构,并可快速定位需要查询的内容。

任务实现

1. 操作 1:设置页面和文档属性

用 Word 2010 排版论文之前,首先要进行页面和文档属性的设置。

步骤 1:打开素材库中的"毕业设计论文排版. docx"文件,在"页面布局"选项卡中,单击"页面设置"组右下角的"页面设置"按钮,打开"页面设置"对话框,在"纸张"选项卡中,纸张大小选择"A4",如图 3.35 所示。

毕业论文排版 1

步骤 2:在"页边距"选项卡中,上、下、左、右页边距分别设置为 2.8 厘米、2.5 厘米、3.0 厘米、2.5 厘米,装订线为 0.5 厘米,装订线位置为"左",纸张方向为"纵向",如图 3.36 所示。

步骤 3:在"版式"选项卡中,选中页眉和页脚"奇偶页不同"复选框,如图 3.37 所示,单击

"确定"按钮,关闭"页面设置"对话框。

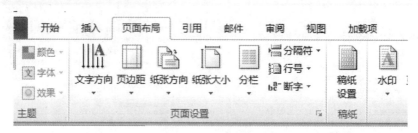

图 3.35　页面设置

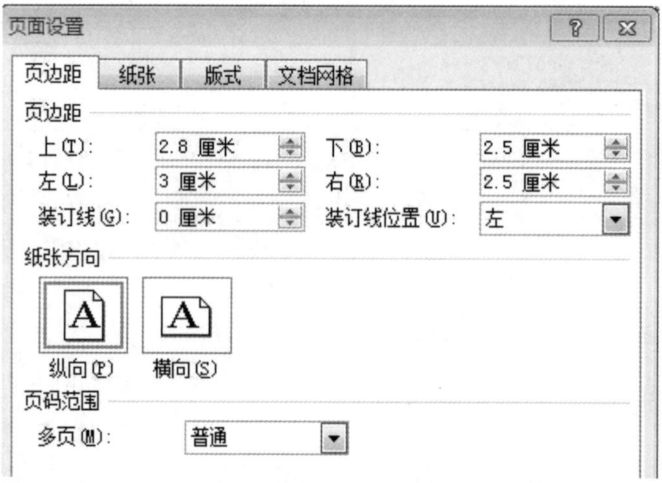

图 3.36　页边距设置

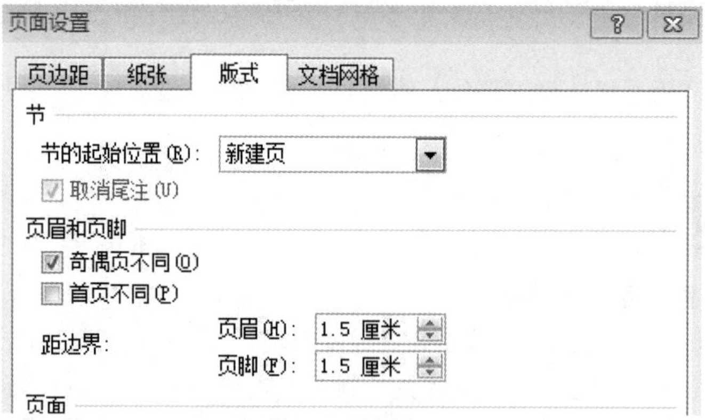

图 3.37　设置奇偶页不同

步骤 4:选择"文件"→"信息"命令,单击窗口右侧窗格中的"属性"下拉按钮,在打开的下拉列表中选择"高级属性"选项,打开"毕业设计论文排版属性"对话框,在"摘要"选项卡中,设置标题为"VI 设计——房地产公司"(毕业论文题目),作者为"闫某某",单位为"××职业技术学院",如图 3.38 所示,单击"确定"按钮。

图 3.38　设置摘要

2. 操作 2：设置标题样式和多级列表

在论文排版过程中常常需要使用样式，以使论文各级标题、正文、致谢、参考文献等版面格式符合要求，Word 2010 中已内置了一些常用格式，可直接应用这些格式，也可根据排版的格式要求，修改这些样式或新建样式。论文全文中各个层次之间，可分为一级标题（章标题）、二级标题（节标题）、三级标题（小节标题）和正文内容等。

使用多级列表可为文档设置层次结构，方便论文内容的组织，也便于阅读。

（1）设置标题样式

步骤 1：在"视图"选项卡中，选中"显示"组中的"导航窗格"复选窗，在窗口左侧将显示"导航"窗格。

步骤 2：在"开始"选项卡中，右击"样式"组中的"标题 1"样式，在弹出的快捷菜单中选择"修改"命令，如图 3.39 所示，打开"修改样式"对话框。

步骤 3：在"修改样式"对话框的"格式"区域中，设置格式为"宋体，二号，加粗，居中"，如图 3.40 所示。

步骤 4：单击"修改样式"对话框左下角的"格式"下拉按钮，在打开的下拉列表中选择"段落"命令，如图 3.41 所示，打开"段落"对话框。

步骤 5：在"段落"对话框中，设置段落格式为"段前"间距 13 磅，"段后"间距 3 磅，"行距"为"多倍行距"，如图 3.42 所示，单击"确定"按钮，返回到"修改样式"对话框；再单击"确定"按钮，完成"标题 1"样式的设置。

图 3.39 "修改样式"对话框

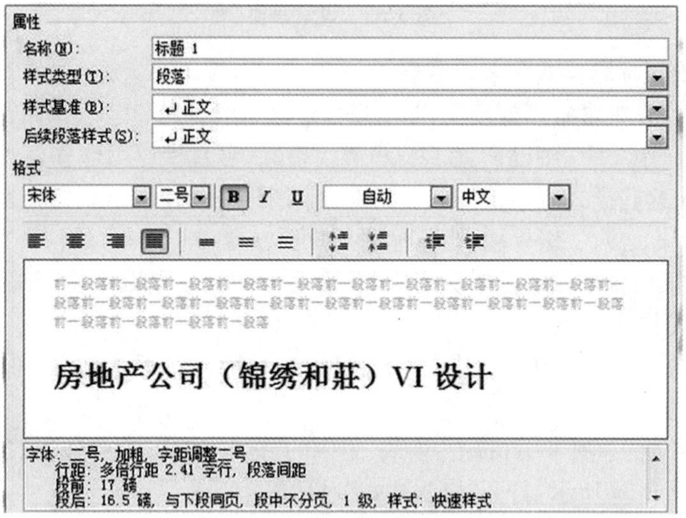

图 3.40 设置格式

步骤 6:使用相同的方法,修改"标题 2"样式的格式为"黑体,三号,加粗,左对齐,段前、段后间距 13 磅,多倍间距","标题 3"样式的格式为"黑体,四号,加粗,左对齐,自动更新,段前、段后间距 0.5 行,单倍间距"。

图 3.41　"段落"对话框

图 3.42　缩进与间距

（2）设计多级列表

多级列表是为列表或文档设置层次结构而创建的列表。创建多级列表可使列表具有复杂的结构，并使列表的逻辑关系更加清晰。列表最多可有 9 个级别。

步骤 1：将光标置于"第 1 章　导论"所在行中，在"开始"选项卡中，单击"段落"组中的"多级列表"下拉按钮，在打开的下拉列表中选择"定义新的多级列表"选项，如图 3.43 所示。

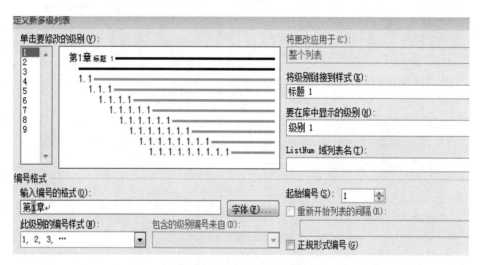

图 3.43 "定义新多级列表"对话框

步骤 2：在打开的"定义新多级列表"对话框中，选择左上角的级别"1"，并在"输入编号的格式"文本框中的"1"的左、右两侧分别输入"第"和"章"，构成"第 1 章"的形式；再单击左下角的"更多"按钮，将"将级别链接到样式"设置为"标题 1"，"编号之后"为"空格"，如图 3.44 所示。

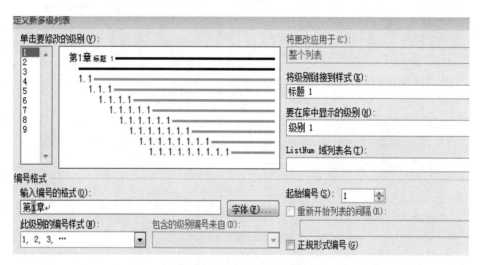

图 3.44 定义新多级列表

步骤 3：在图 3.44 所示的界面中，再选择左上角的级别"2"，此时"输入编号的格式"默认为"1.1"的形式，"将级别链接到样式"设置为"标题 2"，"对齐位置"为"0 厘米"，"编号之后"为"空格"，如图 3.45 所示。

步骤 4：在图 3.45 所示的界面中，再选择左上角的级别"3"，此时"输入编号的格式"默认为"1.1.1"的形式,"将级别链接到样式"设置为"标题3","对齐位置"为"0厘米","编号之后"为"空格",单击"确认"按钮,完成多级列表的设置,此时"样式"组中的"标题1""标题2""标题3"的样式按钮中出现了多级列表,如图3.46所示。

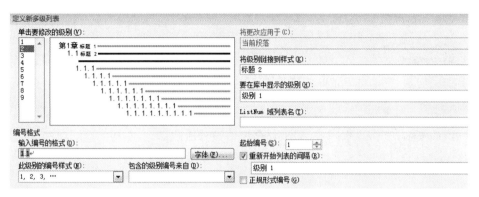

图3.45　设置编号格式

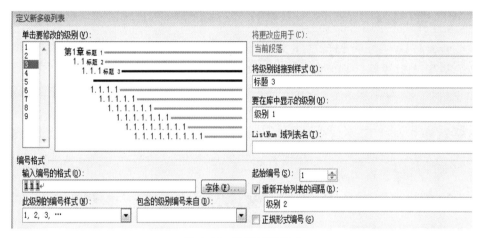

图3.46　设置编号格式

（3）应用标题模式

步骤1:"第1章　导论"所在段落已经自动应用了"标题1"样式,使用"格式刷"功能把"第1章 导论"的格式复制到其他章标题（第2章至第5章）,以及"致谢"和"参考文献"标题。

步骤2:在第2章至第5章的标题中,删除多余的"第N章"形式的文字。

毕业论文排版2

步骤3:将光标置于"致谢"文字的左侧,按2次退格键（Backspace）,删除"第6章"字样,在"开始"选项卡的"段落"组中,单击"居中"按钮（此时,在窗口左侧的"导航"窗格中可以看到,前面原有的各章的章编号消失）,再单击快速访问工具栏中的"撤销"按钮,可还原前面各章的章编号。

步骤4:使用相同的方法,删除"参考文献"左侧的"第6章"字样。

步骤5:将光标置于"1.VI设计的起源和定义"所在行中,单击"样式"组中的"标题2"按

图 3.47 设置标题样式

钮,使该二级标题应用"标题2"样式,然后使用"格式刷"功能把"1.VI设计的起源和定义"的格式复制到其他所有二级标题中,最后删除多余的"X.Y"形式的文字。

步骤6:使用相同的方法,设置所有三级标题的样式为"标题3",并删除多余的"X.Y.Z"形式的文字。此时,在窗口左侧的"导航"窗格中可以看到整个文档的结构,如图3.47所示。

说明:

(1)应用样式"标题1"的成为一级标题,同理,应用样式"标题2""标题3"的分别成为二级标题、三级标题。

(2)整个窗口被分成两部分,左侧"导航"窗格显示整个文档的标题结构,右侧窗格显示文档内容。选择"导航"窗格中的某个标题,右侧窗格中会显示该标题下的内容,这样可实现快速定位。

(3)应用样式,实际上就是应用了一组格式。

(4)新建样式并应用于正文

根据排版需要,还可新建样式"正文01",格式为"宋体,五号,左对齐,1.5倍行距,首行缩进2个字符,自动更新",并把它应用于论文的正文中。

步骤1:将光标置于正文中(不是在标题中),在"开始"选项卡中,单击"样式"组右下角的"样式"按钮,打开"样式"任务窗格。

步骤2:单击"样式"任务窗格左下角的"新建样式"按钮,打开"根据格式设置创建新样式"对话框,设置新建样式的名称为"正文01",设置其格式为"宋体,五号,左对齐,1.5倍行距,自动更新",如图3.48所示。

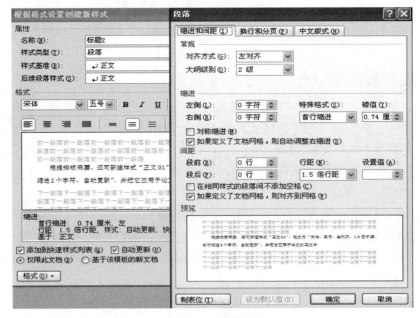

图 3.48 创建新样式

步骤3：在图3.48所示的界面中，单击左下角的"格式"下拉按钮，在打开的下拉列表中选择"段落"命令，在打开的"段落"对话框中，设置段落格式为"首行缩进2个字符"。

步骤4：单击"确定"按钮，返回"根据格式设置创建新样式"对话框；再单击"确定"按钮，完成样式"正文01"的新建，新建的样式名"正文01"会出现在"样式"任务窗口的样式列表中。

步骤5：把新建的样式"正文01"应用于所有正文中（不包括章名、节名、小节名、空行、图和图的题注等），最后关闭"样式"任务窗口。

3. 操作3：自动生成目录

在论文正文中设置各级标题后，为了使每章内容另起一页，可在每章前面插入分页符，然后利用Word的引用功能为论文提取目录。

（1）在每章前插入分页符

步骤1：将光标置于第1章的标题文字"导论"的左侧（不是上一行的空行中），在"插入"选项卡中，单击"页"组中的"分页"按钮，在第1章前面插入"分页符"。

毕业论文排版3

步骤2：选择"文件"→"选项"命令，打开"Word选项"对话框，在左侧窗格中选中"显示"选项，在右侧窗格中选中"显示所有格式标记"复选框，如图3.49所示，单击"确定"按钮，可在文档中显示"分页符"（单虚线）。

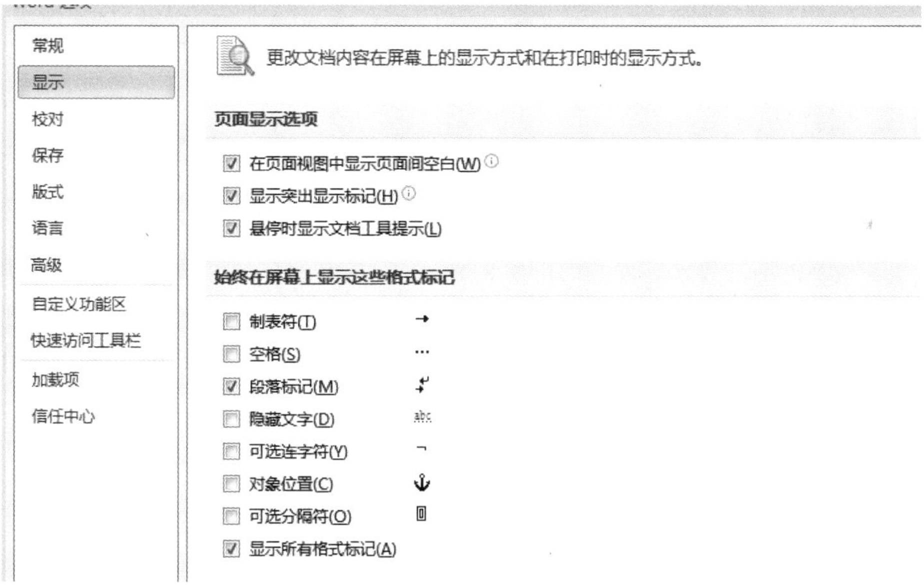

图3.49　显示所有格式标记

步骤3：使用相同的方法，在其余4章（第2章至第5章）以及"致谢"和"参考文献"前，依次插入"分页符"，使它们另起一页显示。

（2）自动生成目录

步骤1：将光标置于首页空白页中，输入"目录"两个字，然后按Enter键，设置"目录"两字的格式为"黑体，小二号，居中"。

步骤 2:将光标置于“目录”所在行的下一行空行中,在“引用”选项卡中,单击“目录”组中的“目录”下拉按钮 ,在打开的下拉列表中选择“插入目录”选项。

步骤 3:在打开的“目录”对话框中,选中“显示页码”和“页码右对齐”复选框,选择“显示级别”为 3,单击“确定”按钮,生成的目录如图 3.50 所示。

目录

【摘要】……3
【关键字】……3
【创作思路】……3
【概述】……3
1. VI 设计的起源和定义……3
2. VI 设计的应用范围……4
3. VI 设计的原则……4
4. VI 设计的作用及发展趋势……4
5. 平面设计的构图原则……5
6. CorelDRAW 软件介绍……6
7. VI 设计——房地产公司(锦绣和庄)……6
8. 房地产公司 VI 设计的主要内容……6
8.1 房地产公司 VI 设计的基础部分……6
8.1.1 公司标志的设计……7
8.1.2 公司标准字的设计……7
8.1.3 公司标志与标准字的结合……7
8.2 房地产公司 VI 设计的应用部分……8
8.2.1 公司的办公用品……8
8.2.2 公司的服饰……11
8.2.3 公司的公务礼品……12
8.2.4 广告宣传类……13
8.2.5 车体类……14
【总结和评论】……14
【参考文献】……15

图 3.50　设置目录

4. 操作 4:插入分节符,把论文分成三部分

为了在论文的不同部分设置不同的页面格式(如不同的页眉和页脚、不同的页码编号等),在“第 1 章”前插入分节符,使目录、论文正文成为两个不同的节,再在“目录”前插入分节符,以便在目录前插入论文封面和摘要。这样,就把整个文档分成 3 节:封面和摘要(第 1 节)、目录(第 2 节)和论文正文(第 3 节)。在不同的节中,可设置不同的页眉和页脚。

步骤 1:将光标置于第 1 章标题“导论”的左侧,在“页面布局”选项卡中,单击“页面设置”组中的“分隔符”下拉按钮,在打开的下拉列表中选择“下一页”分节符,从而插入“下一页”分节符。

步骤 2:使用相同的方法,在“目录”前插入“下一页”分节符,在“目录”前会添加一空白页。

注意:分节符显示为双虚线,而分页符显示为单虚线。

5. 操作 5:利用插入域的方法添加论文正文的页眉

根据毕业论文排版要求,封面、摘要和目录页上没有页眉,论文正文有页眉。因为之前已设置页眉和页脚“奇偶页不同”,所以要对论文正文的奇偶页的页眉分别进行设置。在奇数页的页眉中插入章标题(一级标题),在偶数页的页眉中插入论文题目。

（1）在正文奇数页的页眉中插入章标题

步骤1：将光标置于文档第3页即论文正文第1页（奇数页）中，在"插入"选项卡中，单击

"页眉和页脚"组中的"页眉"下拉按钮，在打开
的下拉列表中选择"编辑页眉"选项，切换到"页
眉和页脚"的编辑状态，此时光标位于页眉中。

步骤2：在"页眉和页脚工具"的"设计"选
项卡中，取消"导航"组中的"链接到前一条页
眉"按钮的选中状态，如图3.51所示，确保"论
文正文"节（第3节）奇数页页眉与"目录"节（第
2节）奇数页页眉的链接断开，链接断开后，页
眉右下角的文字"与上一节相同"会消失。

图 3.51　设置页眉页脚

步骤3：在"设计"选项卡中，单击"插入"组中的"文档部件"下拉按钮，在打开的下拉列表
中选择"域"选项，如图3.52所示。

图 3.52　设置域属性

步骤4：在打开的"域"对话框中，在"类别"下拉框中选择"链接和引用"选项，在"域名"
列表框中选择 StyleRef 选项，在"样式名"列表框中选择"标题1"选项，选中"插入段落编号"
复选框，如图3.53所示，单击"确定"按钮，此时在奇数页页眉中就插入了章标题的编号"第1
章"，再在其后插入一个空格。

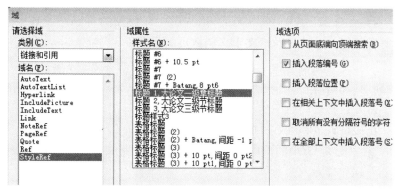

图 3.53　设置域属性

步骤 5：使用相同的方法，再插入"域"，在打开的"域"对话框中，在"类别"下拉框中选择"链接和引用"选项，在"域名"列表框中选择"StyleRef"选项，在"样式名"列表框中选择"标题 1"选项，不要选中"插入段落编号"复选框，单击"确定"按钮，此时在章编号"第 1 章"后面就插入了章标题"导论"。

（2）在正文偶数页的页眉中插入论文题目

步骤 1：将光标置于论文正文第 2 页（偶数页）的页眉中，在"设计"选项卡中，取消"导航"组中的"链接到前一条页眉"按钮的选中状态，确保"论文正文"节偶数页页眉与"目录"节偶数页页眉的链接断开。

步骤 2：在"设计"选项卡中，单击"插入"组中的"文档部件"下拉按钮，在打开的下拉列表中选择"域"选项，打开"域"对话框，在"类别"下拉框中选择"文档信息"选项，在"域名"列表框中选择"Title"选项，再单击"确定"按钮，就可在偶数页页眉中插入已在任务 1 中设置好的文档标题。

6. 操作 6：在页脚中添加页码并更新目录

在不同的节中，可设置不同的页眉和页脚。根据毕业论文排版要求，封面和摘要无页码，"目录"节的页码格式为"i，ii，iii，…"，"论文正文"节的页码格式为"1，2，3，…"，页码位于页脚中，并居中显示。因为已设置页眉和页脚"奇偶页不同"，所以要对"论文正文"节和"目录"节的奇偶页的页脚分别进行设置。

步骤 1：将光标置于论文正文（第 3 节）第 1 页（奇数页）的页脚中，在"设计"选项卡中，取消"导航"组中的"链接到前一条页眉"按钮的选中状态，确保"论文正文"节（第 3 节）奇数页页脚与"目录"节（第 2 节）奇数页页脚的链接断开，链接断开后，页脚右上角的文字"与上一节相同"会消失。

图 3.54 设置域属性

步骤 2：单击"页眉和页脚"组中的"页码"下拉按钮，在打开的下拉列表中选择"设置页码格式"命令，打开"页码格式"对话框，选择编号格式为"1，2，3，…"，选择"起始页码"单选按钮，并设置起始页码为 1，再单击"确定"按钮，完成页码格式设置，如图 3.54 所示。

步骤 3：单击"页眉和页脚"组中的"页码"下拉按钮，在打开的下拉列表中选择"当前的位置"→"普通数字"选项，即可在页脚中插入页码，最后设置页码居中显示即可。

至此，论文正文奇数页的页码已设置完成，下面设置论文正文偶数页的页码。

步骤 4：将光标置于论文正文（第 3 节）第 2 页（偶数页）的页脚中，同前面的操作方法一样，先取消"链接到前一条页眉"按钮的选中状态，再插入页码（普通数字），并设置页码居中显示。

至此，论文正文奇数页和偶数页的页码均已设置完成。

步骤 5：同"论文正文"节中的页码设置方法，读者自行完成"目录"节的页码设置（页码格式为"i，ii，iii，…"，居中显示）。

因为论文中的页码已重新设置，原自动生成的目录内容（包括页码）应该更新。

步骤6：右击"目录"页中的目录内容，在弹出的快捷菜单中选择"更新域"命令，打开"更新目录"对话框，根据需要，选择"只更新页码"或"更新整个目录"单选按钮，再单击"确定"按钮，即可更新目录内容。

7. 操作7：添加论文摘要和封面

毕业论文中已有目录和论文正文，下面添加论文摘要和封面。

步骤1：在目录页前的空白页中（第1节），输入论文摘要（含关键词），并根据需要设置相关格式，如图3.55所示。

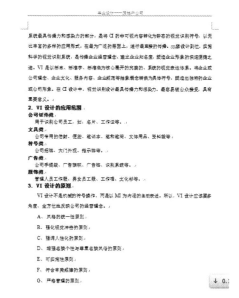

图3.55　添加论文摘要

步骤2：将光标置于文字"摘要"前，在"插入"选项卡中，单击"页"组中的"分页"按钮，在"摘要"前插入一新空白页。

步骤3：在新插入的空白页中，插入学校要求的毕业论文封面，封面上一般含有学校的名称、论文题目、实习单位、实习岗位、专业班级、学生姓名、指导老师、日期等，如图3.56所示（各个学校对封面的要求可能会有所不同），根据实际情况填写封面上的相关内容。可以利用制表符来对齐论文题目、实习单位、指导老师等内容。

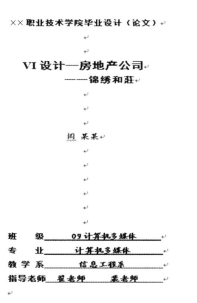

图3.56　制作论文封面

相关知识

1. 文档属性

文档属性包含了文档的详细信息,如:标题、作者、主题、类别、关键字、文件长度、创建日期、最后修改日期和统计信息等,如图 3.57 所示。

图 3.57　设置文档属性

2. 样式

样式就是一组已经命名的字符格式或段落格式,可以应用于一个段落或者段落中选定的字符,能够批量完成段落或字符的格式设置,如图 3.58 所示。

图 3.58　添加论文样式

3. 目录

目录是长文档不可缺少的部分。通过目录可了解文档结构,并可快速定位需要查询的内容。在目录中,左侧是目录标题,右侧是标题所对应的页码,如图 3.59 所示。

目录

图 3.59　添加论文目录

4. 节

"节"是 Word 划分文档的一种方式。之所以引入"节"的概念,是为了实现在同一文档中设置不同的页面格式,如不同的纸张、不同的页边距、不同的页眉和页脚、不同的页码、不同的页面边框、不同的分栏等。建立新文档时,Word 默认将整篇文档视为一节,此时,整篇文档只能采用一致的页面格式。因此,为了在同一文档中设置不同的页面格式就必须将文档划分为若干节。通过插入分节符,可把文档分为若干个节,在草稿视图中分节符显示为两条横向虚线,如图 3.60 所示。

分节符(下一页)

图 3.60　插入分节符

5. 页眉和页脚

页眉和页脚是页面中的两个特殊区域,它们分别位于文档中每个页面页边距(页边距:页面上打印区域之外的空白空间)的顶部和底部区域。通常诸如文档的标题、页码、公司徽标、作者名等信息需要显示在页眉和页脚上,如图 3.61 所示。

6. 批注和修订

批注和修订是用于审阅 Word 文档的两种办法。

批注是读者在阅读 Word 文档时所提出的注释、问题、建议或者其他想法。批注不会集成到文本编辑中。它们只是对文档编辑提出建议,批注中的建议文字经常会被复制并粘贴

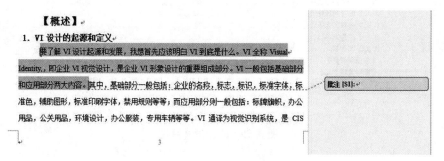

图 3.61　添加页眉页脚

到文本中,但批注本身不是文档的一部分。

修订却是文档的一部分,修订是对 Word 文档进行插入、删除、替换以及移动等编辑操作时,使用一种特殊的标记来记录所做的修改,以便于其他用户或者原作者了解文档所做的修改,可以根据实际情况决定接受或拒绝修订,如图 3.62 所示。

图 3.62　添加批注和修订

7. 参考文献

参考文献是为撰写或编辑论著而引用的有关参考资料(如图书、期刊等),参考文献是出版物不可缺少的重要组成部分。

(1) 参考文献的标识

通常参考文献的类型以单字母方式标识:

M——著作、C——论文集、N——报纸文章、J——期刊文章、D——学位论文、R——报告、S——标准、P——专利,对于不属于上述的文献类型,采用字母 Z 标识。

(2) 参考文献的编排格式

常见参考文献的编排格式及示例如下:

① 著作类:

格式:[序号]作者.书名[M].出版地:出版社,出版年份:起止页码.

示例:[1]曹文轩.草房子[M].北京:北京教育出版社,2015.

② 期刊类:

格式:[序号]作者.篇名[J].刊名,出版年份,卷名(期号):起止页码.

示例:[2]刘松.柴河水库渗流监测自动化系统建设与应用[J].东北水利水电,2010,6(1):29-33.

③ 报纸类:

格式：[序号]作者. 篇名[N]. 报纸名, 出版日期(版面).

示例：[3] 谢希德. 创造学习的新思路[N]. 人民日报, 1998-12-25(10).

④ 电子资源：

格式：[序号]作者. 篇名[EB/OL]. (更新或修改日期)[引用日期]. 完整网址.

示例：[4] 王明亮. 关于中国学术期刊标准化数据库系统工程的进展[EB/OL]. (1998-08-10). http://www.cajcd.edu.cn/pub/wml.txt/980810-2.html.

 能力提升

1. 快速将文本提升为标题

首先将光标定位至待提升为标题的文本, 当按"Alt＋Shift＋←"键时, 可把文本提升为标题, 且样式为标题1, 再连续按"Alt＋Shift＋→"键, 可将标题1降低为标题2。

2. 快速改变文本字号

Word 的字号下拉菜单中, 中文字号为八号到初号, 英文字号为5磅到72磅, 这对于一般的文件处理来说, 当然已经绰绰有余了。但在一些特殊情况下, 比如打印海报时常常要用到更大的字体, 操作起来就有些麻烦了。其实, 我们也可以快速改变文本的字号：先在 Word 中选中相关文字, 然后用鼠标单击一下工具栏上的字号下拉列表框, 直接键入数值, 即可快速改变被选中文本的字体大小。这个技巧在 Excel 中同样适用。

3. 快速设置上下标注

首先选中需要设置为上标或下标的文字, 然后按下组合键"Ctrl＋Shift＋＝"就可将选中文字设为上标, 再按一次又恢复到原始状态。按"Ctrl＋＝"可以将文字设为下标, 再按一次也恢复到原始状态。

 课后练习

Word 操作题

1. 将标题的对齐方式设置为"居中"。

2. 将全文的行距设为"1.5 倍行距", 首行缩进设"0.75 厘米"。

3. 将第一段文字加"20％"的底纹。

企业网站建设开始起步

不久前, 关于国内企业注册域名的事情喧哗了一阵。其实, 企业域名的注册与否并不是关键的问题, 关键是企业为什么要在 Internet 上注册域名, 申请域名做什么。本报记者对全国15家知名企业做了调查。调查结果是：其中有10家企业已经申请了自己的域名, 并建有相应网站。

这个数字出乎记者的预料, 原以为走出 IT 的圈子, 能够建立网站的企业一定寥寥无几, 未曾想到在调查的企业中, 能有 2/3 的企业拥有自己的网站, 而且其中不乏高水准作品。

项目 3.4 使用邮件合并技术批量处理文档

在实际工作中,经常需要处理大量日常报表和信函。这些报表和信函主要内容基本相同,只是具体数据有变化。为了减少重复工作,提高效率,Word 提供了邮件合并功能。宇创科技有限公司需要利用邮件合并技术为每个客户制作一份邀请函,示例如下。

任务 3.4.1 批量制作邀请函

在该文档中,每份邀请函中的客户信息均由数据源自动创建生成,效果如图 3.63 所示。

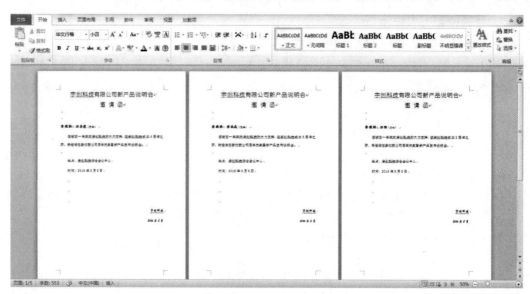

图 3.63 邀请函效果图

 技术分析

① 创建主文档,用来存放对所有文件都相同的内容。

② 创建数据源文档,它包含需要变化的信息,例如姓名、地址等。

③ 利用 Word 提供的邮件合并功能,可在主文档中加入变化的信息(合并域),这样可以将两者结合起来。

创建邀请函

任务实现

1. 制作邀请函

Word 提供了"邮件合并分布向导",它能帮助用户一步步地了解整个邮件合并的使用过程,并高效、顺利地完成邮件合并任务。利用"邮件合并分布向导"批量创建信函的操作步骤如下:

(1) 打开邀请函主文档

打开邀请函主文档,在 Word 2010 的功能区中,打开如图 3.64 所示的"邮件"选项卡。

图 3.64 "邮件"选项卡

(2) 开始邮件合并

在"邮件"选项卡上的"开始邮件合并"选项组中,单击"开始邮件合并"→"邮件合并分步向导"命令。

(3) 选择文档类型

打开"邮件合并"任务窗格,如图 3.65 所示,进入"邮件合并分步向导"的第 1 步(共有 6 步)。在"选择文档类型"选项区域中,选择一个希望创建的输出文档的类型(本例选中"信函"单选按钮)。

(4) 确定主文档

单击"下一步:正在启动文档"超链接,进入"邮件合并分步向导"的第 2 步,在"选择开始文档"选项区域中选中"使用当前文档"单选按钮,以当前文档作为邮件合并的主文档,如图 3.66 所示。接着单击"下一步:选取收件人"超链接,进入"邮件合并分步向导"的第 3 步,在"选择收件人"选项区域中选中"使用现有列表"单选按钮,如图 3.67 所示,然后单击"浏览"超链接。

(5) 选择"通讯录"

打开"选择数据源"对话框,选择保存客户联系方式的 Word 文档"通讯录",单击"打开"按钮。

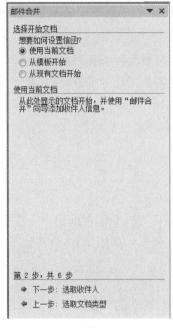
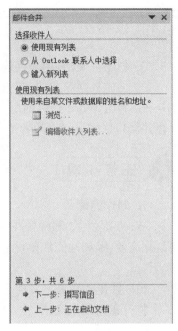

图 3.65　确定主文档类型　　　　图 3.66　选择开始文档　　　　图 3.67　选择收件人

（6）合并收件人信息

打开如图 3.68 所示的"邮件合并收件人"对话框，可以对需要合并的收件人信息进行修改。然后，单击"确定"按钮，完成现有文档的链接工作。

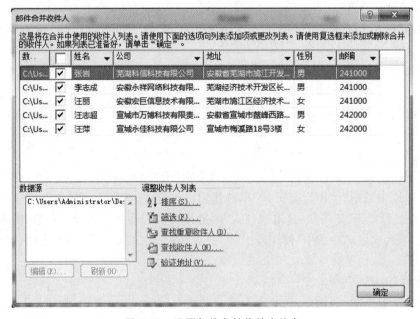

图 3.68　设置邮件合并收件人信息

（7）撰写信函

选择了收件人的列表之后，单击"下一步：撰写信函"超链接，进入"邮件合并分步向导"
的第4步。如果用户此时还未撰写信函的正文部分，可
以在活动文档窗口中输入信函正文内容。如果需要将收
件人信息添加到信函中，先将鼠标指针定位在文档中的
合适位置，然后单击"地址块""问候语"等超链接。本例
单击"其他项目"超链接。

图 3.69　插入合并域

（8）插入合并域

打开如图 3.69 所示的"插入合并域"对话框，在"域"
列表框中，选择要添加到邀请函中邀请人姓名所在位置
的域，本例选择"姓名"域，单击"插入"按钮。插入完所需
的域后，单击"关闭"按钮，关闭掉"插入合并域"对话框。
文档中的相应位置就会出现已插入的域标记。

图 3.70　设置插入规则

（9）插入域规则

在"邮件"选项卡上的"编写和插入域"选项组中，单击
"规则"→"如果……那么……否则……"命令，打开"插入域"
对话框，在"域名"下拉列表框中选择"性别"，在"比较条件"
下拉列表框中选择"等于"，在"比较对象"文本框中输入
"男"，在"则插入此文字"文本框中输入"先生"，在"否则插入
此文字"文本框中输入"女士"，如图 3.70 所示。然后，单击
"确定"按钮，这样就可以使被邀请人的称谓与性别建立
关联。

（10）预览信函

在"邮件合并"任务窗格中，单击"下一步：预览信函"超
链接，进入"邮件合并分步向导"的第5步。在"预览信函"选
项（如图 3.71 所示）区域中，单击"≪"或"≫"按钮，查看具有
不同邀请人姓名和称谓的信函。

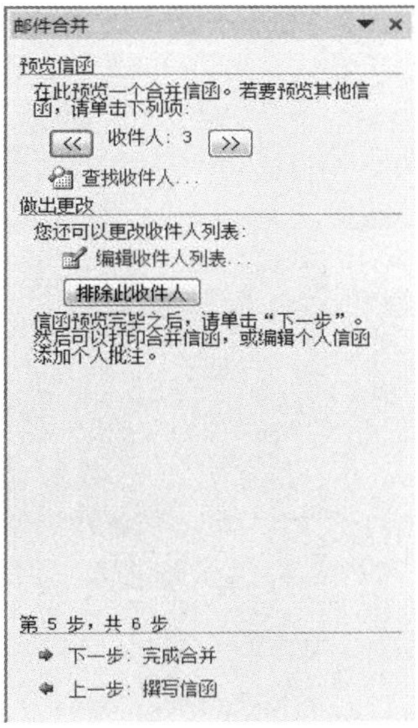

图 3.71　预览信函

（11）"打印"或"编辑单个信函"

预览并处理输出文档后，单击"下一步：完成合并"超链接，进入"邮件合并分步向导"的最后一步。在"合并"选项区域中，用户可以根据实际需要选择单击"打印"或"编辑单个信函"超链接，进行合并工作。本例单击"编辑单个信函"超链接。

（12）合并记录

打开"合并到新文档"对话框，在"合并记录"选项区域中，选中"全部"单选按钮，如图3.72所示，然后单击"确定"按钮。

图3.72　合并到新文档

这样，Word将文档中存储的收件人信息自动添加到邀请函正文中，合并生成一个新文档，在该文档中，每页中的邀请函客户信息均由数据源自动创建生成。

相关知识

1. 创建主文档

主文档是经过特殊标记的 Word 文档，是用于创建输出文档的模板。其中包含了基本的文本内容，这些文本内容在所有输出文档中都是相同的，比如信件的信头、主体以及落款等。另外还有一系列指令（称为合并域），用于插入在每个输出文档中都要发生变化的文本，比如收件人的姓名和地址等。本例如图 3.73 所示。

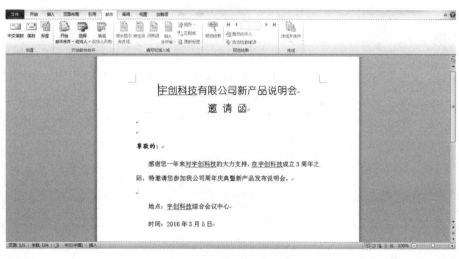

图 3.73　邀请函主文档

2. 选择数据源

数据源实际上是一个数据列表,其中包含了用户希望合并到输出文档的数据。通常它保存了姓名、通讯地址、联系方式等数据字段。Word 的"邮件合并"功能支持多种类型的数据源,其中主要包括下列几类数据源:

(1) Office 地址列表

在邮件合并的过程中,"邮件合并"任务窗格为用户提供了创建简单的"Office 地址列表"的机会,用户可以在新建的列表中填写收件人的姓名和地址等相关信息。

(2) Word 数据源

可以使用某个 Word 文档作为数据源。该文档应该只包含一个表格,同时该表格的第一行必须用于存放标题,其他行必须包含邮件合并所需要的数据记录。本例如图 3.74 所示。

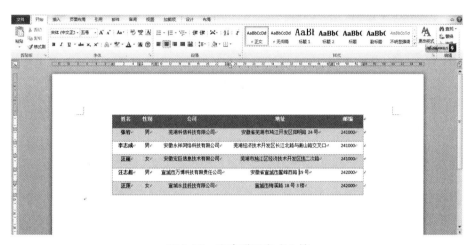

图 3.74 客户联系方式文档

(3) Excel 工作表

可以从工作簿内的任意工作表或命名区域选择数据。

(4) Microsoft Outlook 联系人列表

可直接在"Outlook 联系人列表"中检索联系人信息。

(5) Access 数据库

在 Access 中创建的数据库。

(6) HTML 文件

使用只包含一个表格的 HTML 文件。表格的第一行必须用于存放标题,其他行必须包含邮件合并所需要的数据。

3. 邮件合并的最终文档

邮件合并的最终文档包含了所有的输出结果,其中有些文本内容在输出文档中都是相同的,而有些会随着收件人的不同而发生变化。

能力提升

创建自定义的"套用信函",其中每个副本都会针对特定的收件人(或列表项)自动定制。Word 的合并功能甚至允许创建相应的信封和标签。

 课后练习

选择题

1. 一篇文稿共有 50 页,共 4 人录入,最后要把它们放在一个文档中,正确的命令是( )。

A. 邮件合并　　　B. 合并文档　　　　C. 剪切　　　　　　D. 跨列居中

2. 下列( )不是 Word 2010 提供的导航方式。

A. 关键字导航　　　　　　　　B. 文档标题导航

C. 特定对象导航　　　　　　　D. 段落导航

学习情境 4　制作电子报表

项目 4.1　制作学生成绩汇总表

新学期开学,辅导员让学习委员小陈利用 Excel 制作本班同学上学期的学习成绩汇总表,并以"学生成绩汇总表"为文件名进行保存,便于辅导员发放奖学金及提醒学生补考。具体要求如下:

① 建立表格,输入学生基本数据。

② 对表格内容进行格式化处理。

③ 统计与分析学生成绩。

任务 4.1.1　建立学生成绩表格

小陈借助 Excel 完成了成绩表的数据输入,效果如图 4.1 所示。

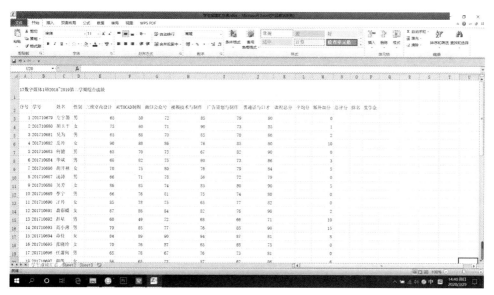

图 4.1　学生成绩汇总表效果图

技术分析

① 通过自动填充功能,可以自动生成序号。

② 通过设置单元格数字格式,可以快速输入性别。

③ 通过对"数据有效性"对话框进行设置,可以保证输入的数据在指定的界限内。

任务实现

1. 输入与保存学生的基本数据

(1) 创建新工作簿

单击"开始"按钮,依次选择"所有程序"→"Microsoft Office"→"Microsoft Excel 2010"菜单命令,启动 Excel 2010,创建空白工作簿。

(2) 输入表格标题及列标题

① 单击单元格 A1,输入标题"17 数字媒体 1 班 2018~2019 第二学期期末成绩总表",然后按 Enter 键,使光标移至单元格 A2 中。

创建学生成绩表

② 在单元格 A2 中输入列标题"序号",然后按 Tab 键,使单元格 B2 成为活动单元格,并在其中输入标题"学号"。使用相同的方法,在单元格区域 C2:P2 中依次输入标题"姓名""性别""三维室内设计""AUTOCAD 制图""微信公众号编辑""视频技术与制作""广告策划与制作""普通话与口才""课程总分""平均分""额外加分""总评分""排名""奖学金"。

输入数据

(3) 输入"序号"列的数据

增加"序号"列,可以直观地反映出班级的人数。

① 单击单元格 A3,在其中输入数字"1"。

② 将鼠标指针移至单元格 A3 的右下角,当出现控制句柄"+"时,按住 Ctrl 键的同时拖动鼠标至单元格 A39,单元格区域 A4:A39 内会自动生成序号。

(4) 输入"学号"列的数据

① 在单元格 B3 中输入学号"201710679",然后利用控制句柄在单元格区域 B4:B39 中自动填充学号。

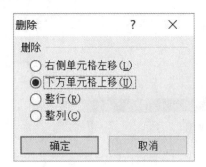

图 4.2 "删除"对话框

② 由于学号为"201710685"的同学已转专业,需将后续学号前移。右击该单元格,从弹出的快捷菜单中选择"删除"命令,然后选中"下方单元格上移"单选按钮,如图 4.2 所示。

③ 继续填充其他学生学号。

(5) 输入"姓名"列数据

在单元格区域 C3:C39 中依次输入学生的姓名。

(6) 快速输入"性别"列数据

① 选择性别所在列,右击→"设置单元格格式"→

"数字"→"自定义",输入"[＝1]"男";[＝0]"女""。如图 4.3 所示。

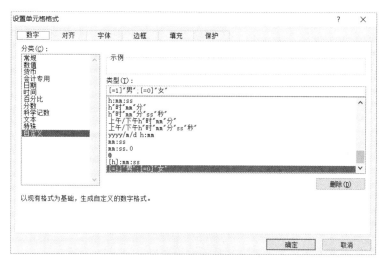

图 4.3　"设置单元格格式"对话框

② 在单元格中输入"1",则显示为"男";输入"0",则显示"女"。

（7）输入"课程成绩"列数据

在输入课程成绩前,先使用"有效性输入"功能将相关单元格的值限定在 0～100,输入的数据一旦越界,就可以及时发现并改正。

① 选定单元格区域 E3:J39,切换到"数据"选项卡,单击"数据工具"选项中的"数据有效性"按钮,打开"数据有效性"对话框。

② 在"设置"选项卡中,将"允许"下拉列表框设置为"整数",将"数据"下拉列表框设置为"介于",在"最小值"和"最大值"文本框中分别输入数字"0"和"100",如图 4.4 所示.

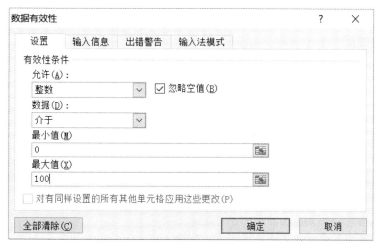

图 4.4　"数据有效性"对话框

③ 切换到"输入信息"选项卡,在"标题"文本框中输入"注意",在"输入信息"文本框中输入"请输入 0～100 之间的整数"。

④ 切换到"出错警告"选项卡,在"标题"文本框中输入"出错啦",在"错误信息"文本框中输入"您所输入的数据不在正确的范围!",最后单击"确定"按钮。

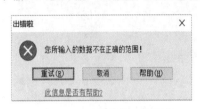

图 4.5 出错提示对话框

⑤ 在单元格区域 E3:J39 中依次输入学生课程成绩。如果不小心输入了错误数据,会打开如图 4.5 所示的提示对话框。单击"取消"按钮,可以在单元格中重新输入正确的数据。

(6) 保存工作簿

按 Ctrl+S 组合键,在打开的"另存为"对话框中选择适当的保存位置,以"学生成绩汇总表"为文件名保存工作簿。

相关知识

1. Excel 2010 窗口的组成

窗口主要由标题栏、菜单栏、工具栏、编辑栏、状态栏等组成,如图 4.6 所示。其中,编辑栏显示及编辑活动单元格中的数据和公式。活动单元格中输入的数据同时显示在编辑栏和活动单元格中,如果确认数据,可以单击编辑栏中的按钮✔,或者按 Enter 键;如果输入的数据有错误,则单击编辑栏中的按钮✘,或者按 Esc 键即可。工作表标签位于水平滚动条的左侧,工作表标签上显示的是工作表的名称。

图 4.6 Excel 窗口

2. 工作簿

Excel 2010 的文件形式是工作簿,一个工作簿即为一个 Excel 文件,其扩展名为".xlsx"。

3. 工作表

工作簿中每一张表称为工作表,由行和列组成,是用来存储和处理数据的。每张工作表都有自己的名称。每个工作簿在新建的时候,默认包含标签名为 sheet1、sheet2 和 sheet3 三张工作表,如图 4.7 所示。

每张工作表的行号由 1、2、3、……表示,列号由 A、B、C、……AA、AB、AC、……表示。

4. 单元格

单元格是工作表中的一个小方格,是表格的最小单位,单元格名称(又称单元格地址)由列号和行号组成,如 A1(第 1 行第 A 列)单元格。活动单元格是指当前正在操作的单元格,由一个加粗的边框标识。任何时候只能有一个活动单元格,只有在活动单元格中才可以输入数据。活动单元格右下角的小黑点,称为填充柄,拖动填充柄可以把单元格内容自动填充或复制到相邻单元格中。

单元格区域是由若干个相邻单元格组成的矩形块,引用单元格区域可用它在左上角单元格地址和右下角单元格地址表示,中间用冒号分割,如"B2:D4",其表示的区域如图 4.8 所示。

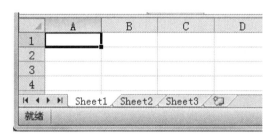

图 4.7　工作表标签

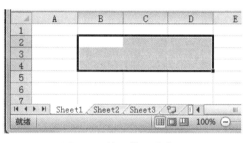

图 4.8　单元格区域表示

5. 数据输入

① 输入数值。数值数据可以直接输入,默认为右对齐。在输入数值数据时,除 0~9、正负号和小数点外,还可以使用以下符号。

a. "E"和"e":用于指数的输入,例如 2.6E-3。

b. 圆括号:表示输入的是负数,例如(312)表示−312。

c. 以"s"或"￥"开始的数值:表示货币格式。

d. 以符号"％"结尾的数值:表示输入的是百分数,例如 40％表示 0.4。

e. 逗号:表示千位分隔符,例如 1,234.56。

② 输入文本。文本也就是字符串,默认为左对齐。当文本不是完全由数字组成时,直接由键盘输入即可。若文本由一串数字组成,输入时可以使用下列方法:

a. 在该串数字的前面加一个半角单引号,例如要输入邮政编码 223003,则应输入"'223003"。

b. 选定要输入文本的单元格区域,切换到"开始"选项卡,将"数字格式"下拉列表框设置为"文本"选项,然后输入数据。

③ 输入日期和时间。日期的输入形式比较多,可以使用斜杠"/"或连字符"−"对输入的年、月、日进行间隔。

如果输入"6/8"形式的数据,系统默认为当前年份的月和日。

如果要输入当天的日期,需要按"Ctrl＋;"组合键。

在输入时间时,时、分、秒之间用冒号":"隔开,也可以在后面加上"A"(或"AM")、"P"(或"PM")表示上午、下午。注意,表示秒的数值和字母之间应有空格,例如输入"10：34：52 A"。

 能力提升

在日常工作和学习中经常会遇到一些让人头疼的小问题,现在教大家一些技巧,让你工作和学习起来不辛苦。

1. 号码中的 0 怎么消失了

当在员工信息表录入工号时,有些工号前面带几个数字"0",如"0001""0018",输入时Excel 自动省略了工号前面的"0"。遇到这个问题,只需将工号所在列的单元格格式设置为"文本"即可。

2. 完整输入身份证号码

录入员工信息时,输入身份证号或者银行卡的时候,号码变成 341221E＋17。解决的方法和上一个问题一样,就是将单元格格式设置为文本。

任务 4.1.2　设置表格格式

 **任务效果**

在完成了基础数据录入之后,小陈对成绩表进行了格式设置,让整个表格看起来清晰、美观,如图 4.9 所示。

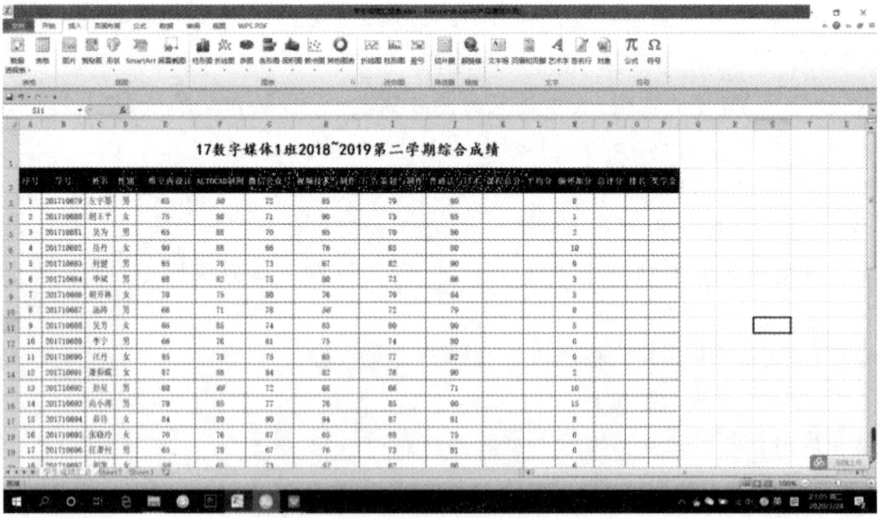

图 4.9　学生成绩表格式化效果

技术分析

① 通过"开始"选项卡中的按钮,可以设置单元格数据的格式、字体、对齐方式等。

② 通过"新建格式规则"对话框,可以将指定单元格区域的数据按要求格式进行显示。

③ 通过"视图"→"冻结窗格"选项,可以实现冻结窗格。

任务实现

1. 设置标题格式

选定单元格区域 A1:P1,切换到"开始"选项卡,单击"对齐方式"选项组中的"合并后居中"按钮,使标题行居中显示。继续选定标题行单元格,在"字体"选项组中单击"字体"下拉列表框右侧的箭头按钮,在弹出的下拉列表中选择"楷体"选项,将"字号"下拉列表框设置为"20",并单击"加粗"按钮,如图 4.10 所示,标题行设置完成。

格式化成绩表

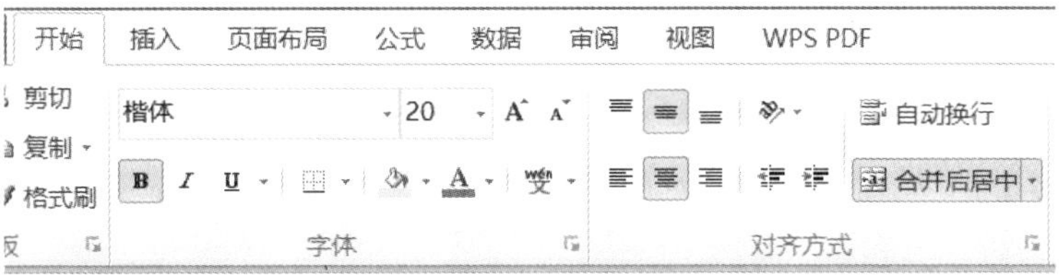

图 4.10 "开始"选项卡

2. 设置列标题格式

① 选定单元格区域 A2:P39,在"字体"选项组中单击"边框"按钮右侧的箭头按钮,选择"所有框线"命令。接着单击"对齐方式"选项组中的"居中"按钮,完成表格区域的格式修饰。

② 选定单元格区域 A2:P2,在"字体"选项组中单击"填充颜色"按钮右侧的箭头按钮,在弹出的下拉列表中选择"黑色,文本 1"选项,如图 4.11 所示,在"字体"选项组中单击"字体颜色"按钮右侧的箭头按钮,在弹出的下拉列表中选择"白色,背景 1",如图 4.12 所示,实现对列标题的美化效果。

图 4.11 "填充"颜色

图 4.12 "字体"颜色

3. 设置条件格式

将学生成绩表中数字型成绩小于 60 分的单元格设置为倾斜、加粗、红色字体。

① 选定单元格区域 E3:J39，单击"开始"选项卡中"样式"选项组中的"条件格式"按钮，从弹出的下拉菜单中选择"新建规则"命令，打开"新建格式规则"对话框，如图 4.13 所示。

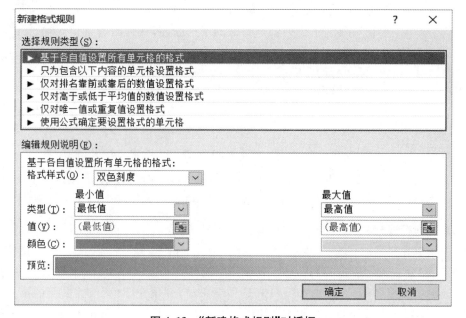

图 4.13 "新建格式规则"对话框

② 选择"选择规则类型"列表框中的"只为包含以下内容的单元格设置格式"选项将"编辑规则说明"组中的条件下拉列表框设置为"小于"，并在后面的数据框中输入数字"60"。接着单击"格式"按钮，打开"设置单元格格式"对话框。

③ 在"字体"选项卡中，选择"字形"组合框中的"加粗倾斜"选项，将"颜色"下拉列表框设置为"标准色"组中的"红色"选项，如图 4.14 所示。单击 2 次"确定"按钮，关闭"新建格式规则"对话框，数字型成绩区域设置完成。

4. 冻结窗格

用户可以对一个长表固定其表头，防止翻到后面不清楚是哪门课的成绩。方法如下：

选中第 3 行，单击"视图"选项卡→"冻结窗格"选项→"冻结拆分窗格"，即可将表格前 2 行冻结，如图 4.15 所示；如果不再需要固定，则按照相同的操作步骤，选择"取消冻结窗格"就可让表格恢复自由。

图 4.14 "设置单元格格式"对话框

图 4.15 "视图"选项卡

相关知识

1. 单元格、行和列的相关操作

（1）插入与删除单元格

如果工作表中输入的数据有遗漏或者准备添加新数据，可以通过插入单元格操作轻松实现，其操作步骤如下：

① 单击某个单元格或选定单元格区域以确定插入位置，然后在选定单元格区域右击，从弹出的快捷菜单中选择"插入"命令（或者切换到"开始"选项卡，在"单元格"选项组中单击"插入"按钮，从弹出的下拉菜单中选择"插入单元格"命令），打开"插入"对话框，如图 4.16 所示。

② 在该对话框中选择合适的插入方式。活动单元格右移：当前单元格及同一行中右侧的所有单元格右移一个单元格。活动单元格下移：当前单元格及同一列中下方的

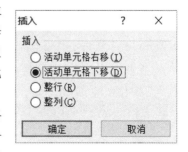

图 4.16 "插入"对话框

所有单元格均下移一个单元格。整行:当前单元格所在的行上面会出现空行。整列:当前单元格所在的列左边会出现空列。

③ 单击"确定"按钮,完成操作。删除单元格时,首先单击某个单元格或选定要删除的单元格区域,然后在选定区域中右击,从弹出的快捷菜单中选择"删除"命令,打开"删除"对话框。接着在"删除"栏中做合适的选择,最后单击"确定"按钮,完成操作。

(2) 合并与拆分单元格

选定要合并的单元格区域,切换到"开始"选项卡,在"对齐方式"选项组中单击"合并后居中"按钮。

选中已经合并的单元格,切换到"开始"选项卡,在"对齐方式"选项组中单击"合并后居中"按钮右侧的箭头按钮,从弹出的下拉菜单中选择"取消单元格合并"命令,即可将其再次拆分。

(3) 插入与删除行和列

① 下面以插入行为例,说明插入行或列的操作,如果需要插入一行,单击要插入的新行之下相邻行中的任意单元格。当要插入多行时,在行号上拖动鼠标,选定与待插入空行数量相等的若干行,然后使用下列方法进行操作:

a. 右击选中区域,并从弹出的快捷菜单中选择"插入"命令。

b. 切换到"开始"选项卡,在"单元格"选项组中单击"插入"按钮下方的箭头按钮,从弹出的下拉菜单中选择"插入工作表行"命令。

此时可以看到,被选定的行自动向下平移。

② 在删除行或列时,在行号或列标上拖动鼠标,选定要删除的行或列,然后使用下列方法进行操作:

a. 右击选中区域,并从弹出的快捷菜单中选择"删除"命令。

b. 切换到"开始"选项卡,在"单元格"选项组中单击"删除"按钮下方的箭头按钮,从弹出的下拉菜单中选择"删除工作表行"命令。

删除操作完成后,后续的行或列会自动递补上来。

(4) 隐藏与显示行和列

在工作表中有时会有部分过渡数据,在显示时可以将它们隐藏起来。

① 隐藏行和列。隐藏行和列的方法类似,下面以隐藏列为例,说明操作方法:

a. 在需要隐藏列的列标上拖动鼠标,然后右击选中区域,并从弹出的快捷菜单中选择"隐藏"命令。

b. 拖动鼠标选中要隐藏列的部分单元格区域,切换到"开始"选项卡,在"单元格"选项组中单击"格式"按钮,从弹出的下拉菜单中选择"隐藏和取消隐藏"→"隐藏列"命令。

② 取消行和列的隐藏。

a. 在隐藏列的左、右两列的列标上拖动鼠标,然后右击选中区域,并从弹出的快捷菜单中选择"取消隐藏"命令。

b. 拖动鼠标选中隐藏列的左、右两列的部分单元格区域,切换到"开始"选项卡,在"单元格"选项组中单击"格式"按钮,从弹出的下拉菜单中选择"隐藏和取消隐藏"→"取消隐藏列"命令。

（5）改变行高与列宽

单元格所在行的高度一般会随着显示字体的大小变化自动调整，用户也可以根据需要调整行高。

① 手动调整行高。将鼠标指针移至行号区中要调整行高的行和它下一行的分隔线上，当指针变成"双向箭头"形状时，拖动分隔线到合适的位置，可以粗略地设置当前行的行高。

若要精确地设置行高，将光标移至要设置行的任意单元格中，或者选定多行，切换到"开始"选项卡，在"单元格"选项组中单击"格式"按钮，从弹出的下拉菜单中选择"行高"命令，打开"行高"对话框，在文本框中输入行高值，如图4.17所示，然后单击"确定"按钮。

图4.17 "行高"对话框

② 自动调整行高，双击行号的下边界，或将光标移至要设置行的任意单元格中，然后切换到"开始"选项卡，在"单元格"选项组中单击"格式"按钮，从弹出的下拉菜单中选择"自动调整行高"命令。

改变列宽的方法与之类似，在"单元格"选项组中选择"格式"下拉菜单中的命令，或在列标的右边界上操作即可。

2. 编辑与设置表格数据

用户在使用 Excel 的过程中，难免要对工作表中的数据进行编辑处理，修改数据、移动或复制数据、删除数据等。另外，为了使制作的表格更加美观，还可以对工作表进行格式化。

（1）修改与删除单元格内容

当需要对单元格的内容进行编辑时，可以通过下列方式进入编辑状态：

① 双击单元格，可以直接对其中的内容进行编辑。

② 将光标移至要修改的单元格中，然后按 F2 键。

③ 激活需要编辑的单元格，然后在编辑框中修改其内容。

进入单元格编辑状态后，光标变成了垂直竖条的形状，用户可以用方向键来控制插入点的移动。按 Home 键，插入点将移至单元格的开始处；按 End 键插入点将移至单元格的尾部。

修改完毕后，按 Enter 键或单击编辑栏中的"输入"按钮对修改予以确认。若要取消修改，按 Esc 键或单击编辑栏中的"取消"按钮。

选定单元格或单元格区域，然后按 Delete 键，可以快速删除单元格的数据内容，并保留单元格原有的格式。按 Ctrl＋Delete 组合键，单元格中从插入点开始至行末的文本将被删除。

（2）移动与复制表格数据

① 使用鼠标拖动。移动单元格内容时，将鼠标指针移至所选区域的边框上然后按住鼠标左键将数据拖曳到目标位置，再释放鼠标按键。

复制数据时，首先将鼠标指针移至所选区域的边框上，然后按住 Ctrl 键并拖动鼠标到目标位置。在拖曳过程中，边框显示为虚线，鼠标指针的右上角有一个小的"＋"符号。

② 使用剪贴板。首先选定需要移动数据的单元格或单元格区域，然后按 Ctrl＋X 组合键（或单击"剪切"按钮），接着单击目标单元格或目标区域左上角的单元格，并按 Ctrl＋V 组

合键(或单击"粘贴"按钮)。

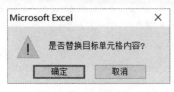

图 4.18 "替换"对话框

使用上述方法移动单元格内容时,如果目标单元格中原来有数据,会弹出如图 4.18 所示的提示对话框,单击"确定"按钮可以实现对数据的覆盖处理。

复制过程与移动过程类似,按 Ctrl+C 组合键(或单击"复制"按钮)即可。

复制到邻近单元格

图 4.19 "编辑"选项组

提供了附加选项,例如,要将单元格复制到下方的单元格区域,可选中要复制单元格,然后向下扩大选区,使其包含复制到的单元格,接着切换到"开始"选项卡,单击"编辑"选项组中的"填充"按钮,从弹出的下拉菜单中选择"向下"命令即可,如图 4.19 所示。

在使用"填充"下拉菜单中的命令时,计算机不会将信息放到剪贴板中。

(3) 设置字体格式与文本对齐方式

在 Excel 中设置字体格式的方法与 Word 类似,选定单元格区域,切换到"开始"选项卡,使用"字体"选项组中的"字体""字号"下拉列表框或其他控件即可设置字体格式。

在输入数据时,文本靠左对齐,数字、日期靠右对齐,用户可以在不改变数据类型的情况下,改变单元格中数据的对齐方式。

切换到"开始"选项卡,在"对齐方式"选项组中单击某个水平或垂直对齐按钮,可以改变文本在水平或垂直方向上的对齐方式;单击"方向"按钮,从弹出的下拉菜单中选择适当的命令,能够实现对文本角度的调整;单击"自动换行"按钮,可以使超过单元格宽度的文本型数据以多行形式显示;单击"合并后居中"按钮,可以使所选单元格合并为一个单元格,并将数据居中。

如果要详细设置字体格式或文本对齐方式,打开"设置单元格格式"对话框在相应的选项卡中进行操作。

(4) 设置数字格式

利用 Excel 2010 提供的多种数字格式可以更改数字的外观。数字格式并不影响 Excel 用于执行计算的实际单元格值,实际值显示在编辑栏中。

切换到"开始"选项卡,"数字"选项组中提供了几个快速设置数字格式的控件。其中,"数字格式"下拉列表框提供了设置数字、日期和时间的常用选项,单击"会计数字格式"按钮,可以在原数字前面加货币符号并且增加两位小数;单击"百分比样式"按钮,能够实现将原数字乘以 100,在后面加上百分号;单击"千分分隔样式"按钮,将在数字中加入千位分离符;单击"增加小数位数"或"减少小数位数"按钮,可以设置数字的小数位。

例如,要为选定的单元格区域添加货币符号,在"数字"选项组中单击"会计数字格式"按钮右侧的箭头按钮,从弹出的下拉菜单中选择"中文(中国)"命令。

若要进一步设置选定单元格区域中数字的格式,单击"数字"选项组中的"对话框启动器"按钮(或者按 Ctrl+1 组合键),打开"设置单元格格式"对话框,如图 4.20 所示,切换到"数字"选项卡,在"分类"列表框中选择"数值"选项,然后对右侧的"小数位数"微调框进行操作。

图 4.20 "设置单元格格式"对话框

对数字设置好格式后,如果数据过长,单元格中会显示"＃＃＃＃"符号。此时,改变单元格的宽度,使之比其中数据的宽度稍宽,数据显示即可恢复正常。

 能力提升

几种常见的选择性粘贴的用法:

1. 表格行列互换

"行列互换"专业称为"转置"。例如,需要将表格的结构进行如下的转换(行变为列,列变为行),用"选择性粘贴"对话框中的"转置"功能就可以解决。

① 复制需要转置的表格区域。

② 在需要粘贴的区域,右击"选择性粘贴"→勾选"转置",如图 4.21 所示,单击"确定"按钮。

2. 将公式转换为数值

① 复制需要转换的表格区域。

② 在原来的位置,右击"选择性粘贴"→选择"数值",单击"确定"按钮。

3. 批量数值运算

① 在任意一个空白单元格输入所需调整的数值"10",复制该单元格。

图 4.21 "选择性粘贴"对话框

② 右击"单价"列(自行设定)→"选择性粘贴"→选择"数值"→"运算"选择"加",单击"确定"按钮。

4. 将表格转成图片

① 复制需要转成图片的表格区域。

② 右击该区域→"选择性粘贴"→在弹出的扩展按钮中选择"其他粘贴选项"下的图片。

任务 4.1.3　统计与分析学生数据

任务描述

小陈需对"学生成绩汇总表"中的数据进行相关统计与分析,效果图如下。

图 4.22　学生成绩表最终效果图

技术分析

① 通过使用"SUM"函数,可以计算出每位学生的课程总分。

② 通过使用"AVERAGE"函数,可以计算出每位学生的平均分。

③ 通过公式,可以计算出每位学生的总评分。

④ 通过使用 RANK 函数,可以实现对学生的总评分排名。

⑤ 通过使用 IF 函数,可以确定学生获得的奖学金等级。

⑥ 通过图表统计出学生的成绩分布情况。

任务实现

统计与分析
数据表

1. 利用 SUM 函数计算"课程总分"

① 打开"学生成绩汇总表",选择 K3 单元格后,单击"编辑"组中的"自动求和"下拉按钮,在打开的下拉列表中选择"求和"选项,在 K3 单元格中自动填充了"=SUM(E3:J3)",如图 4.23 所示,确认函数的参数正确无误

后,按 Enter 键,从而计算出课程总分。

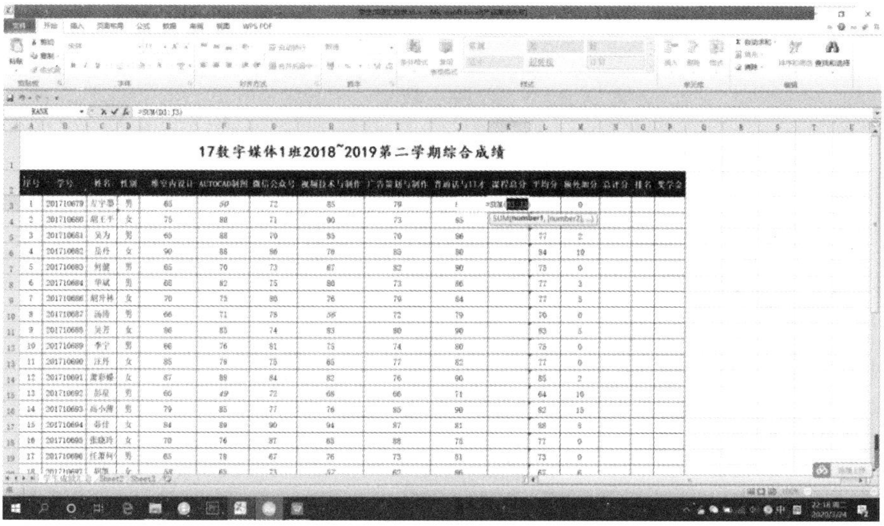

图 4.23 "求和"函数

② 拖动 K3 单元格的控制柄至 K39 单元格。计算出所有学生的课程总分。

2. 利用 AVERAGE 函数计算课程"平均分"

① 打开"学生成绩汇总表",选择 L3 单元格后,单击"编辑"组中的"自动求和"下拉按钮,在打开的下拉列表中选择"平均值"选项,此时工作表的界面如图 4.24 所示。在 L3 单元格中自动填充了"=AVERAGE(E3:J3)",确认函数参数正确无误后,按 Enter 键,从而计算出平均分。

图 4.24 "平均值"函数

② 拖动 L3 单元格的填充柄至 L39 单元格,计算其他同学的课程平均分。

③ 选择 L3:L39 单元格区域后,右击,在弹出的快捷菜单中选择"设置单元格格式"命

令,打开"设置单元格格式"对话框。在"数字"选项卡中的"分类"列表框中选择"数值"选项,调整小数位数为"0",如图4.25所示,单击"确定"按钮。

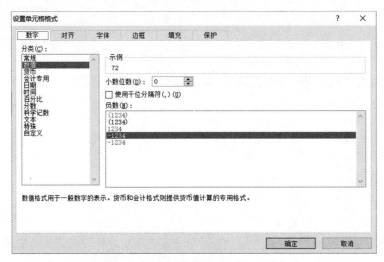

图4.25 "设置单元格格式"对话框

3. 利用公式求出"总评分"

① 选择N3单元格后,在单元格中输入公式"=K3+M3",如图4.26所示,按Enter键,从而计算出总评分。

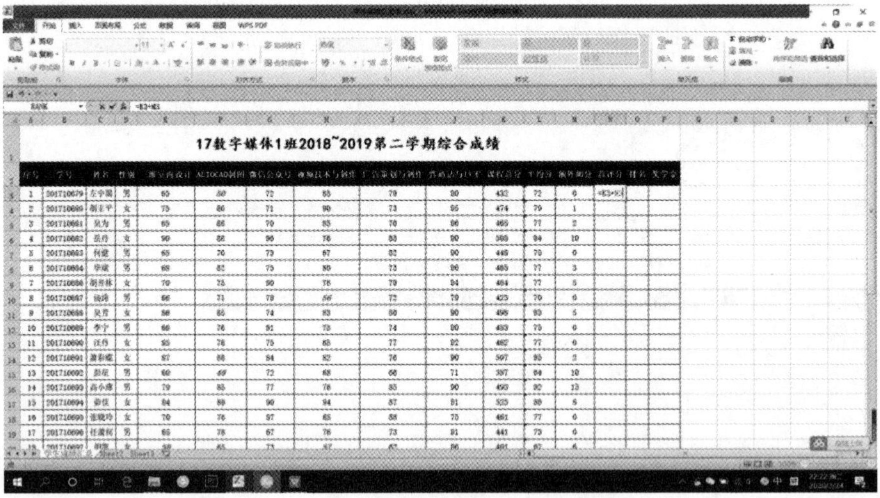

图4.26 "求和"公式

② 拖动N3单元格的填充柄至N39单元格,计算其他同学的总评分。

4. 利用RANK函数计算排名

① 选中单元格N3,并打开"插入函数"对话框,如图4.27所示,选择RANK函数,打开"函数参数"对话框。当光标位于"Number"框时,单击单元格N3选中总评成绩,再将光标移至"Ref"框,选定工作表区域N3:N39,并将其修改为"N\$3:N\$39",如图4.28所示,最后单击"确定"按钮,计算

计算成绩排名

出第一位学生的排名。

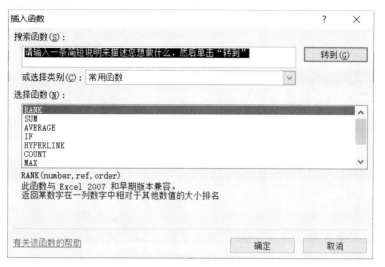

图 4.27 "插入函数"对话框

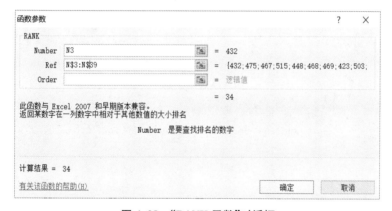

图 4.28 "RANK 函数"对话框

② 利用控制句柄,填充其他学生的排名。

5. 利用 IF 函数计算奖学金等级

班级一、二、三等奖学金的名额分别为 1 人、2 人、3 人,下面根据排名,计算出获得奖学金的学生名单。

① 选择单元格 P3,在其中输入公式"＝IF(O3<2,"一等奖",IF(O3<4,"二等奖",IF(O3<7,"三等奖",)))",如图 4.29 所示,按 Enter 键,计算出第一位学生是否获得了奖学金。

② 利用控制句柄,自动填充其他学生获得奖学金的情况。

6. 利用图表,统计出学生成绩分布情况

选中 E3:J39,选中"插入"选项卡中的"二维折线图"——"折线图",为学生成绩添加一个折线图,如图 4.30 所示。

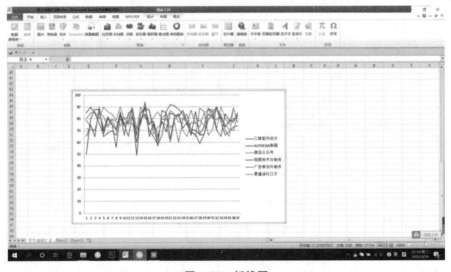

图 4.29　"IF"函数

图 4.30　折线图

 相关知识

1. 单元格的引用

在工作表中,对单元格的引用有 3 种方法。

（1）相对引用

相对引用是指当公式在移动或复制时,公式单元格地址会随移动的位置而相应地改变。如在 A3 单元格中输入公式"＝A1＋A2",然后将 A3 单元格复制到 B3 中,B3 的值就变为"＝B1＋B2"。

（2）绝对引用

绝对引用是指在把公式复制或者填入到新的位置时，引用的单元格地址保持不变。设置绝对地址通常是在单元格地址的列表和行号前添加符号"＄"。如在上例的 A3 中输入公式"＝＄A＄1＋＄A＄2"，然后将 A3 单元格复制到 B3 中，B3 的值仍为"＝＄A＄1＋＄A＄2"。

（3）混合引用

混合引用是指在一个单元格地址引用中相对和绝对的混合使用，如在上例的 A3 中输入公式"＝＄A1＋A2"，然后将 A3 单元格复制到 B3 中，B3 的值变为了"＝＄A1＋B2"。

2. 公式

公式是函数的基础，它是由单元格中的一系列引用如单元格的地址、名称、运算符等组合而成的，可以生成新的结果。如"＝C3＋0.2＊B3－D5"的形式，其中 C3、B3 和 D5 是数值所在单元格的地址，即用单元格中的数值参与公式的计算，中间以运算符相连接。公式的输入、编辑等操作可以在编辑栏中完成，也可以在单元格中完成。需要注意的是，公式的输入以"＝"开始，以 Enter 键结束。

3. 函数

Excel 2010 中提供了大量的函数，利用函数可以实现各种复杂的计算和统计。

Excel 2010 函数共有 13 类，计 400 多个函数，涵盖了财务、日期、工程、逻辑、数学、统计、文本等各种不同领域的数据处理任务。其中有一类特别的函数称为"兼容性函数"，这些函数实际上已经由新函数替换，但为了与以前的版本兼容，依然在 Excel 2010 中提供这些函数。

函数的语法为：

函数名（参数 1，参数 2，…）

单击编辑栏左侧的"插入函数"按钮 f_x，可方便地插入各种函数。

（1）SUM 函数

功能：求出所有参数的算术之和。

使用格式：SUM(number1，number2，…)。

参数说明：number1，number2 为需要求和的数值或引用单元格（区域）。

举例说明：在 B10 单元格中输入公式"＝SUM(B1:B3，B5，6)"，即可求出 B1 至 B3 区域的数值、B5 单元格的数值和 6 的和。

（2）AVERAGE 函数

功能：求出所有参数的算术平均值。

使用格式：AVERAGE(number1，number2，…)

参数说明：number1，number2 为需要求平均值的数值或引用单元格（区域）。

举例说明：在 C10 单元格中输入公式"＝AVERAGE(C1:C9)"，即可求出 C1 至 C9 区域的数值的平均值。

（3）RANK 函数

功能：求某一个数值在某一区域内一组数值中的排名。

使用格式：RANK(Number，Ref，Order)。

参数说明:Number 是要查找排名的数字;Ref 是一组数或对一个数据列表的引用,非数字值将被忽略;Order 是在列表中排名的数字,如果为 0 或忽略,降序;非零值,升序。

举例说明:在 O3 单元格中输入公式"=RANK(N3,N＄3:N＄39)",即可求出 N3 在 N3 至 N39 区域内的排名。

(3) IF 函数

功能:根据对指定条件的逻辑判断的真假结果,返回相对应的内容。

使用格式:IF(logical_test,value_if_true,value_if_false)。

参数说明:Logical_test 是逻辑表达式;Value_if_true 是指 logical_test 为 true(真)时返回的值;Value_if_false 是指 logical_test 为 false(假)时返回的值。

举例说明:在 Y3 单元格中输入公式"=IF(X3<60,"不合格","合格")",即当 X3 单元格中的数值小于 60,返回值为"不合格",否则,返回值为"合格"。

4. 图表

在 Excel 2010 中,图表是指将工作表中的数据用图形表示出来。使用图表会使得工作表更易于理解和交流,使数据更加有趣、吸引人、易于阅读和评价,也可以帮助我们分析和比较数据。

Excel 2010 提供了 11 类图表类型,分别是柱形图、折线图、饼图、条形图、面积图、XY(散点图)、股价图、曲面图、圆环图、气泡图和雷达图。

当基于工作表选定区域建立图表时,Excel 2010 使用来自工作表的值,并将其当作数据点在图表上显示。数据点可用条形、线条、柱形、切片、点及其他形状表示,这些形状称作数据标示。

建立了图表后,可以通过增加图表项,如数据标记、图例、标题、文字、趋势线、误差线及网格线来美化图表及强调某些信息。大多数图表项可被移动或调整大小。也可以用图案、颜色、对齐、字体及其他格式属性来设置这些图表项的格式。当工作表中的数据发生变化时,相应的图表也会跟着改变。

 能力提升

1. IF 函数嵌套

IF 包含三个参数:逻辑、真值、假值。

它的作用是判断单元格的数据是否符合逻辑,然后根据判断的结果返回设定值。例如:=IF(B2>=60,"及格","不及格"),该函数表示:如果 B2 大于等于 60,则显示(返回)"及格",否则显示(返回)"不及格"。

2. 多重 IF 函数嵌套

现需要根据总分发放奖学金,目前有四个等级,每个等级对应一定的分数。

① 首先列出函数的逻辑结构,有多少个 IF 函数,对应最后补齐多少个右括号")"。

逻辑结构如下:(330 分级,(320 分级,(310 分级,(300 分级,没有))))。

② 单击编辑栏最右侧的下拉按钮,光标置于编辑栏底部,拖拽鼠标左键还可自由调整编辑栏高度,有了它,输入函数时可一览无余,让你有运筹帷幄的控制感。

③ 在编辑栏里分成四段输入,每一段使用快捷键 Alt＋Enter 换行,在编辑栏中查看显示效果。

IF 家族还有 SUMIF、COUNTIF 等,虽然它们不属于逻辑函数,但或多或少都跟逻辑或"条件"有联系。

项目 4.2　工资表数据分析

某公司有管理、行政、人事、研发、销售等 5 个部门。每个月月末，财务人员会使用 Excel 表格计算出当月每名员工的月工资，并对工资数据进行统计与分析。其中 1 月工资数据如图 4.31 所示。

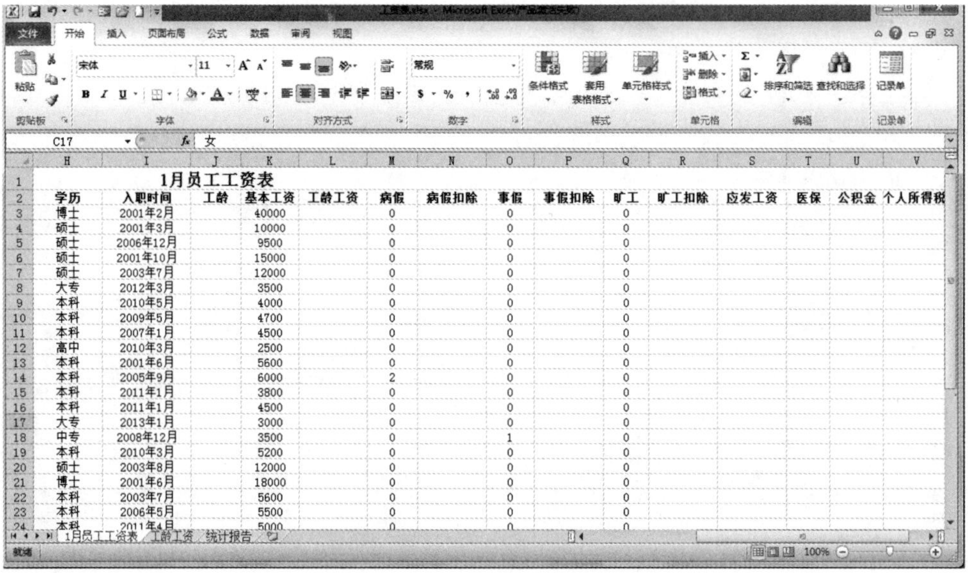

1月员工工资表

学历	入职时间	工龄	基本工资	工龄工资	病假	病假扣除	事假	事假扣除	旷工	旷工扣除	应发工资	医保	公积金	个人所得税
博士	2001年2月		40000		0		0		0					
硕士	2001年3月		10000		0		0		0					
硕士	2006年12月		9500		0		0		0					
硕士	2001年10月		15000		0		0		0					
硕士	2003年7月		12000		0		0		0					
大专	2012年3月		3500		0		0		0					
本科	2010年5月		4000		0		0		0					
本科	2009年5月		4700		0		0		0					
本科	2007年1月		4500		0		0		0					
高中	2010年3月		2500		0		0		0					
本科	2001年6月		5600		0		0		0					
本科	2005年9月		6000		2		0		0					
本科	2011年1月		3800		0		0		0					
本科	2011年1月		4500		0		0		0					
大专	2013年1月		3000		0		0		0					
中专	2008年12月		3500		0		1		0					
本科	2010年3月		5200		0		0		0					
硕士	2003年8月		12000		0		0		0					
博士	2001年6月		18000		0		0		0					
本科	2003年7月		5600		0		0		0					
本科	2006年5月		5500		0		0		0					
本科	2011年4月		5000		0		0		0					

图 4.31　1 月工资初始数据

其中：病假，按每天 50 元扣款；事假，按日基本工资扣款；旷工，按日基本工资的 3 倍扣款；医疗保险是应发工资的 1%；住房公积金是应发工资的 12%；个人所得税根据应发工资的数额确定，个人所得税＝应纳税所得额×适用税率－速算扣除数，应纳税所得额＝应发工资－5000，具体规定如表 4.1 所示。

表 4.1　个人所得税的计算公式

应纳税所得额	个人所得税
应发工资－5000＜＝0	0.00
0＜(应发工资－5000)＜＝1500	(应发工资－5000)×0.03
1500＜(应发工资－5000)＜＝4500	(应发工资－5000)×0.1－105
(应发工资－5000)＞4500	(应发工资－5000)×0.2－555

任务 4.2.1　利用公式和函数计算各项数据

任务效果

利用公式和函数计算各项数据,效果如图 4.32 所示。

入职时间	工龄	基本工资	工龄工资	病假	病假扣除	事假	事假扣除	旷工	旷工扣除	应发工资	医保	公积金	个人所得税	实发工资
2001年2月	19	40000	950	0	0	0	0	0	0	40950	409.5	4914	6635	28991.5
2001年3月	18	10000	900	0	0	0	0	0	0	10900	109	1308	625	8858
2006年12月	13	9500	650	0	0	0	0	0	0	10150	101.5	1218	475	8355.5
2001年10月	18	15000	900	0	0	0	0	0	0	15900	159	1908	1625	12208
2003年7月	16	12000	800	0	0	0	0	0	0	12800	128	1536	1005	10131
2012年3月	7	3500	350	0	0	0	0	0	0	3850	38.5	462	0	3349.5
2010年5月	9	4000	450	0	0	0	0	0	0	4450	44.5	534	0	3871.5
2009年5月	10	4700	500	0	0	0	0	0	0	5200	52	624	6	4518
2007年1月	13	4500	650	0	0	0	0	0	0	5150	51.5	618	4.5	4476
2010年3月	9	2500	450	0	0	0	0	0	0	2950	29.5	354	0	2566.5
2001年6月	18	5600	900	0	0	0	0	0	0	6500	65	780	45	5610
2005年9月	14	6000	700	2	100	0	0	0	0	6600	66	792	55	5687
2011年1月	9	3800	450	0	0	0	0	0	0	4250	42.5	510	0	3697.5
2011年1月	9	4500	450	0	0	0	0	0	0	4950	49.5	594	0	4306.5
2013年1月	7	3000	350	0	0	0	0	0	0	3350	33.5	402	0	2914.5
2008年12月	11	3500	550	0	0	1	159.1	0	0	3890.9	38.9	466.9	0	3385.1
2010年3月	9	5200	450	0	0	0	0	0	0	5650	56.5	678	19.5	4896
2003年8月	16	12000	800	0	0	0	0	0	0	12800	128	1536	1005	10131
2001年6月	18	18000	900	0	0	0	0	0	0	18900	189	2268	2225	14218
2003年7月	16	5600	800	0	0	0	0	0	0	6400	64	768	42	5526
2006年5月	13	5500	650	0	0	0	0	0	0	6150	61.5	738	34.5	5316
2011年4月	8	5000	400	0	0	0	0	0	0	5400	54	648	12	4686

图 4.32　计算各项数据效果

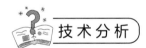

技术分析

① 通过公式和函数计算各字段的第一个值。

② 通过软件提供的自动填充功能,复制公式和函数,以计算各字段所有值。

任务实现

1. 利用公式和函数计算"工龄工资"

(1) 计算"出生日期"

① 打开素材文件"工资表.xlsx",打开"1月员工工资表",选择 G3 单元格,在编辑栏中输入公式"=MID(F3,7,4)&"年"&MID(F3,11,2)&"月"&MID(F3,13,2)&"日""后回车,则会算出编号为"001"的员工的出生日期,如图 4.33 所示。

计算出生日期

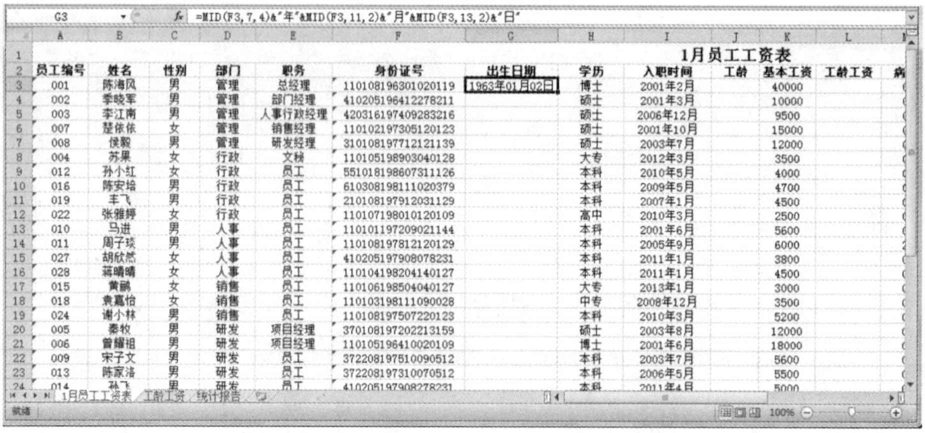

图 4.33　利用公式与函数计算出生日期

② 使用序列填充的方式将公式复制至 G37 单元格,最后的结果如图 4.34 所示。

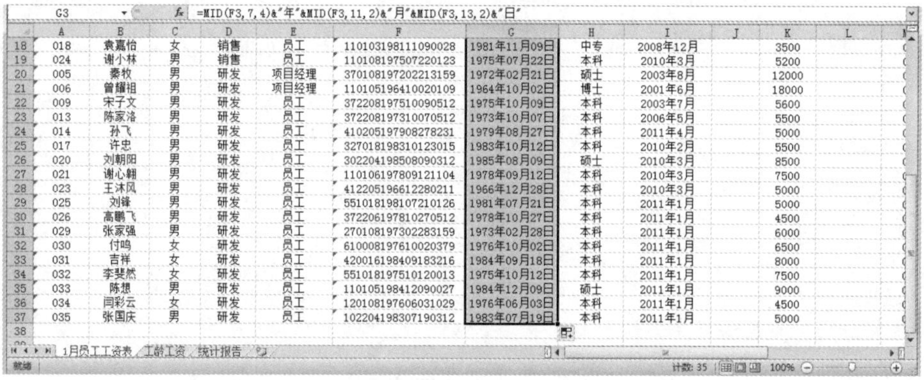

图 4.34　利用填充的方式复制公式

(2) 计算"工龄"

① 选择"1 月员工工资表"表中的 J3 单元格,在编辑栏中输入公式"＝INT((TODAY()－I3)/365)"后回车,则会计算出编号为"001"的员工的工龄,如图 4.35 所示。

图 4.35　利用公式与函数计算工龄

② 使用序列填充的方式将公式复制至 J37 单元格,结果如图 4.36 所示。

图 4.36　利用填充的方式复制公式

（3）利用公式计算"工龄工资"

① 选择"1 月员工工资表"表中的 L3 单元格，在编辑栏中输入公式"＝ J3＊工龄工资！＄B＄3"后回车，则会计算出编号为"001"的员工的工龄工资，如图 4.37 所示。

② 使用序列填充的方式将公式复制至 L37 单元格，结果如图 4.38 所示。

计算工龄工资

图 4.37　利用公式计算工龄工资

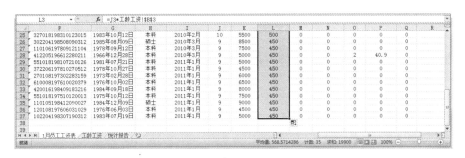

图 4.38　利用填充的方式复制公式

2. 利用公式计算"病假扣除"

① 根据前面提到的病假 1 天扣除 50 元，因此选择"1 月员工工资表"表中的 N3 单元格，在编辑栏中输入公式"＝M3＊50"后回车，则计算出编号为"001"的员工的病假扣除金额，如图 4.39 所示。

② 使用序列填充的方式将公式复制至 N37 单元格，结果如图 4.40 所示。

计算扣除

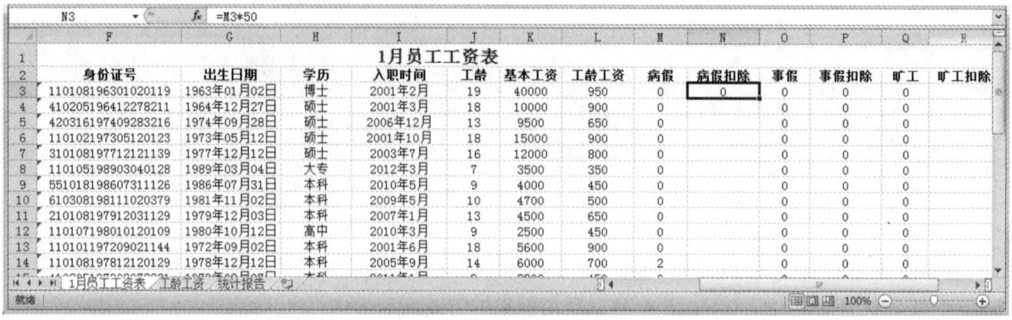

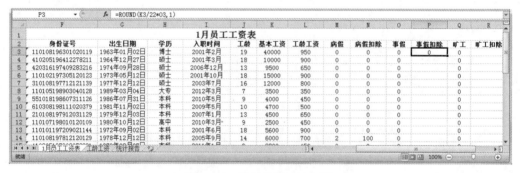

N3　=M3*50

	F	G	H	I	J	K	L	M	N	O	P	Q	R
1	1月员工工资表												
2	身份证号	出生日期	学历	入职时间	工龄	基本工资	工龄工资	病假	病假扣除	事假	事假扣除	旷工	旷工扣除
3	110108196301020119	1963年01月02日	博士	2001年2月	19	40000	950	0	0	0	0	0	
4	410205196412278211	1964年12月27日	硕士	2001年3月	18	10000	900	0		0	0	0	
5	420316197409283216	1974年09月28日	硕士	2006年12月	13	9500	650	0		0	0	0	
6	110102197305120123	1973年05月12日	硕士	2001年10月	18	15000	900	0		0	0	0	
7	310108197712121139	1977年12月12日	硕士	2003年7月	16	12000	800	0		0	0	0	
8	110105198903040128	1989年03月04日	大专	2012年3月	7	3500	350	0		0	0	0	
9	551018198607311126	1986年07月31日	本科	2010年5月	9	4000	450	0		0	0	0	
10	610308198111020379	1981年11月02日	本科	2009年5月	10	4700	500	0		0	0	0	
11	210108197912031129	1979年12月03日	本科	2007年1月	13	4500	650	0		0	0	0	
12	110107198010120109	1980年10月12日	高中	2010年3月	9	2500	450	0		0	0	0	
13	110101197209021144	1972年09月02日	本科	2001年6月	18	5600	900	0		0	0	0	
14	110108197812120129	1978年12月12日	本科	2005年9月	14	6000	700	2		0	0	0	

1月员工工资表　工龄工资　统计报告

就绪　100%

图 4.39　计算病假扣除金额

N3　=M3*50

	F	G	H	I	J	K	L	M	N	O	P	Q	R
8	110105198903040128	1989年03月04日	大专	2012年3月	7	3500	350	0	0	0	0	0	
9	551018198607311126	1986年07月31日	本科	2010年5月	9	4000	450	0	0	0	0	0	
10	610308198111020379	1981年11月02日	本科	2009年5月	10	4700	500	0	0	0	0	0	
11	210108197912031129	1979年12月03日	本科	2007年1月	13	4500	650	0	0	0	0	0	
12	110107198010120109	1980年10月12日	高中	2010年3月	9	2500	450	0	0	0	0	0	
13	110101197209021144	1972年09月02日	本科	2001年6月	18	5600	900	0	0	0	0	0	
14	110108197812120129	1978年12月12日	本科	2005年9月	14	6000	700	2	100	0	0	0	
15	410205197908078231	1979年08月07日	本科	2011年1月	9	3800	450	0	0	0	0	0	
16	110104198204140127	1982年04月14日	本科	2011年1月	9	4500	450	0	0	0	0	0	
17	110106198504040127	1985年04月04日	大专	2013年1月	7	3000	350	0	0	0	0	0	
18	110103198111090028	1981年11月09日	中专	2008年12月	11	3500	550	0	0	1	25	0	
19	110108197507220123	1975年07月22日	本科	2010年3月	9	5200	450	0	0	0	0	0	
20	370108197202213159	1972年02月21日	硕士	2003年8月	16	12000	800	0	0	0	0	0	
21	110105196410020109	1964年10月02日	博士	2001年6月	18	18000	900	0	0	0	0	0	
22	372208197510090512	1975年10月09日	本科	2003年7月	16	5600	800	0	0	0	0	0	

1月员工工资表　工龄工资　统计报告

就绪　平均值: 2.857142857　计数: 35　求和: 100　100%

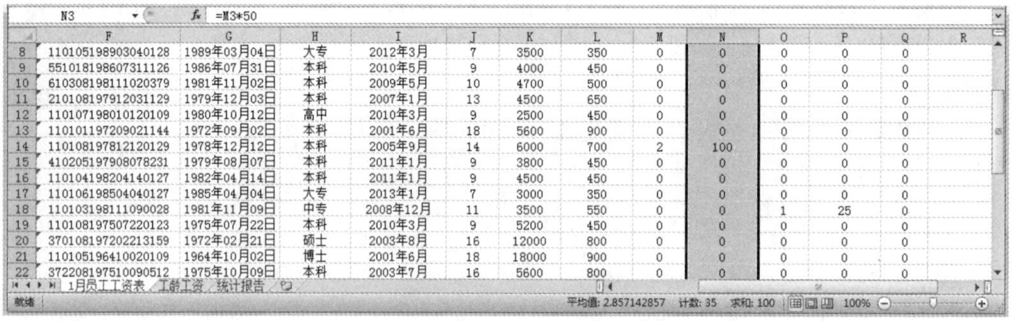

图 4.40　利用填充的方式复制公式

3．利用公式和函数计算“事假扣除”

① 前面提到事假按日基本工资扣除，因此选择“1 月员工工资表”表中的 P3 单元格，在编辑栏中输入公式“＝ROUND(K3/22 ∗ O3,1)”后回车，则会计算出编号为“001”的员工的事假扣除金额，如图 4.41 所示。

P3　=ROUND(K3/22*O3,1)

	F	G	H	I	J	K	L	M	N	O	P	Q	R
1	1月员工工资表												
2	身份证号	出生日期	学历	入职时间	工龄	基本工资	工龄工资	病假	病假扣除	事假	事假扣除	旷工	旷工扣除
3	110108196301020119	1963年01月02日	博士	2001年2月	19	40000	950	0	0	0	0	0	
4	410205196412278211	1964年12月27日	硕士	2001年3月	18	10000	900	0	0	0		0	
5	420316197409283216	1974年09月28日	硕士	2006年12月	13	9500	650	0	0	0		0	
6	110102197305120123	1973年05月12日	硕士	2001年10月	18	15000	900	0	0	0		0	
7	310108197712121139	1977年12月12日	硕士	2003年7月	16	12000	800	0	0	0		0	
8	110105198903040128	1989年03月04日	大专	2012年3月	7	3500	350	0	0	0		0	
9	551018198607311126	1986年07月31日	本科	2010年5月	9	4000	450	0	0	0		0	
10	610308198111020379	1981年11月02日	本科	2009年5月	10	4700	500	0	0	0		0	
11	210108197912031129	1979年12月03日	本科	2007年1月	13	4500	650	0	0	0		0	
12	110107198010120109	1980年10月12日	高中	2010年3月	9	2500	450	0	0	0		0	
13	110101197209021144	1972年09月02日	本科	2001年6月	18	5600	900	0	0	0		0	
14	110108197812120129	1978年12月12日	本科	2005年9月	14	6000	700	2	100	0		0	

1月员工工资表　工龄工资　统计报告

就绪　100%

图 4.41　计算事假扣除金额

② 使用序列填充的方式将公式复制至 P37 单元格，结果如图 4.42 所示。

图 4.42　利用填充的方式复制公式

4. 利用公式和函数计算"旷工扣除"

① 根据公司的规定,旷工一天扣除 3 天的基本工资,因此选择"1 月员工工资表"表中的 R3 单元格,在编辑栏中输入公式"＝ROUND(K3/22＊3＊Q3,1)"后回车,则会计算出编号为"001"的员工的旷工扣除金额,如图 4.43 所示。

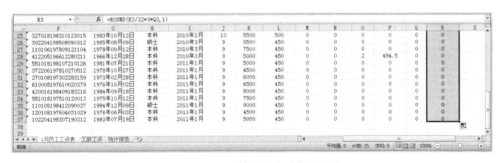

图 4.43　计算旷工扣除金额

② 使用序列填充的方式将公式复制至 R37 单元格,结果如图 4.44 所示。

图 4.44　利用填充的方式复制公式

5. 利用公式计算"应发工资"

应发工资是基本工资、工龄工资之和,再扣除病假扣除、事假扣除、旷工扣除后的数额。具体操作如下。

① 选择"1 月员工工资表"表中的 S3 单元格,在编辑栏中输入公式"＝K3＋L3－N3－P3－R3"后回车,则会计算出编号为"001"的员工的应发工资,如图 4.45 所示。

计算应发工资

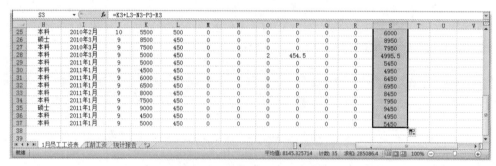

图 4.45　计算应发工资

② 使用序列填充的方式将公式复制至 S37 单元格,结果如图 4.46 所示。

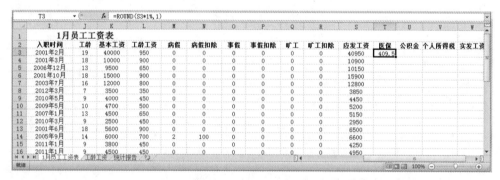

图 4.46　利用填充的方式复制公式

6. 利用公式和函数计算"医保"

① 根据公司的规定,医疗保险是应发工资的 1‰。选择"1 月员工工资表"表中的 T3 单元格,在编辑栏中输入公式"＝ROUND(S3＊1‰,1)"后回车,则会计算出编号为"001"的员工的医疗保险金,如图 4.47 所示。

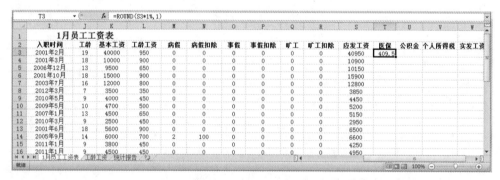

图 4.47　计算医疗保险金

② 使用序列填充的方式将公式复制至 T37 单元格,结果如图 4.48 所示。

7. 利用公式和函数计算"公积金"

① 根据公司的规定,住房公积金是应发工资的 12‰。选择"1 月员工工资表"表中的 U3 单元格,在编辑栏中输入公式"＝ROUND(S3＊12‰,1)"后回车,则会计算出编号为"001"的员工的公积金,如图 4.49 所示。

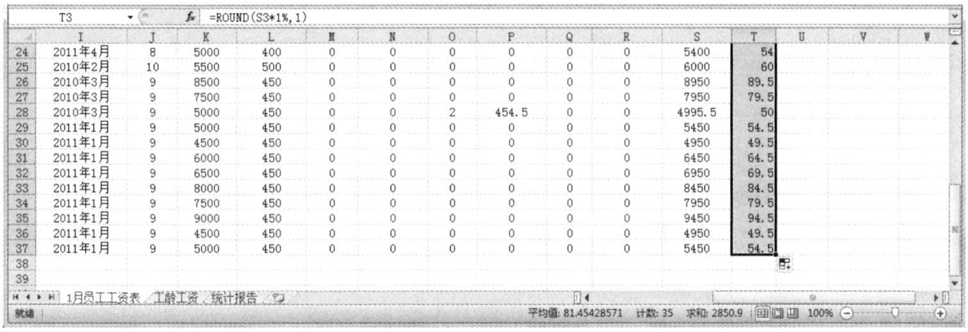

T3 ▾ f_x =ROUND(S3*1%,1)

	I	J	K	L	M	N	O	P	Q	R	S	T
24	2011年4月	8	5000	400	0	0	0	0	0	0	5400	54
25	2010年2月	10	5500	500	0	0	0	0	0	0	6000	60
26	2010年3月	9	8500	450	0	0	0	0	0	0	8950	89.5
27	2010年3月	9	7500	450	0	0	0	0	0	0	7950	79.5
28	2010年3月	9	5000	450	0	0	0	2	454.5	0	4995.5	50
29	2011年1月	9	5000	450	0	0	0	0	0	0	5450	54.5
30	2011年1月	9	4500	450	0	0	0	0	0	0	4950	49.5
31	2011年1月	9	6000	450	0	0	0	0	0	0	6450	64.5
32	2011年1月	9	6500	450	0	0	0	0	0	0	6950	69.5
33	2011年1月	9	8000	450	0	0	0	0	0	0	8450	84.5
34	2011年1月	9	7500	450	0	0	0	0	0	0	7950	79.5
35	2011年1月	9	9000	450	0	0	0	0	0	0	9450	94.5
36	2011年1月	9	4500	450	0	0	0	0	0	0	4950	49.5
37	2011年1月	9	5000	450	0	0	0	0	0	0	5450	54.5
38												
39												

1月员工工资表　工龄工资　统计报告

就绪　　　　　　　　　　平均值: 81.45428571　计数: 35　求和: 2850.9　100%

图 4.48　利用填充的方式复制公式

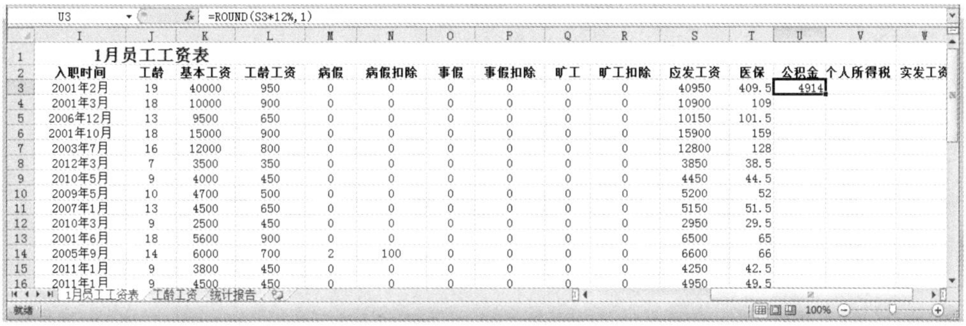

U3 ▾ f_x =ROUND(S3*12%,1)

	I 入职时间	J 工龄	K 基本工资	L 工龄工资	M 病假	N 病假扣除	O 事假	P 事假扣除	Q 旷工	R 旷工扣除	S 应发工资	T 医保	U 公积金	V 个人所得税	W 实发工资
1	1月员工工资表														
3	2001年2月	19	40000	950	0	0	0	0	0	0	40950	409.5	4914		
4	2001年3月	18	10000	900	0	0	0	0	0	0	10900	109			
5	2006年12月	13	9500	650	0	0	0	0	0	0	10150	101.5			
6	2001年10月	18	15000	900	0	0	0	0	0	0	15900	159			
7	2003年7月	16	12000	800	0	0	0	0	0	0	12800	128			
8	2012年3月	7	3500	350	0	0	0	0	0	0	3850	38.5			
9	2010年5月	9	4000	450	0	0	0	0	0	0	4450	44.5			
10	2009年5月	10	4700	500	0	0	0	0	0	0	5200	52			
11	2007年1月	13	4500	650	0	0	0	0	0	0	5150	51.5			
12	2010年3月	9	2500	450	0	0	0	0	0	0	2950	29.5			
13	2001年6月	18	5600	900	0	0	0	0	0	0	6500	65			
14	2005年9月	14	6000	700	2	100	0	0	0	0	6600	66			
15	2011年1月	9	3800	450	0	0	0	0	0	0	4250	42.5			
16	2011年1月	9	4500	450	0	0	0	0	0	0	4950	49.5			

1月员工工资表　工龄工资　统计报告

就绪　　100%

图 4.49　计算公积金

② 使用序列填充的方式将公式复制至 U37 单元格,结果如图 4.50 所示。

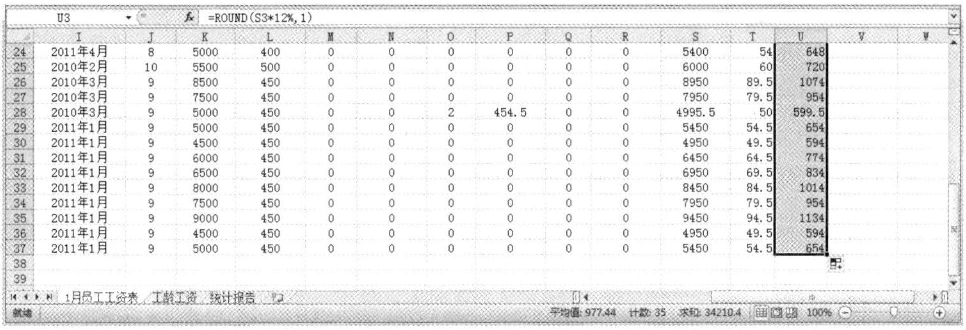

U3 ▾ f_x =ROUND(S3*12%,1)

	I	J	K	L	M	N	O	P	Q	R	S	T	U
24	2011年4月	8	5000	400	0	0	0	0	0	0	5400	54	648
25	2010年2月	10	5500	500	0	0	0	0	0	0	6000	60	720
26	2010年3月	9	8500	450	0	0	0	0	0	0	8950	89.5	1074
27	2010年3月	9	7500	450	0	0	0	0	0	0	7950	79.5	954
28	2010年3月	9	5000	450	0	0	0	2	454.5	0	4995.5	50	599.5
29	2011年1月	9	5000	450	0	0	0	0	0	0	5450	54.5	654
30	2011年1月	9	4500	450	0	0	0	0	0	0	4950	49.5	594
31	2011年1月	9	6000	450	0	0	0	0	0	0	6450	64.5	774
32	2011年1月	9	6500	450	0	0	0	0	0	0	6950	69.5	834
33	2011年1月	9	8000	450	0	0	0	0	0	0	8450	84.5	1014
34	2011年1月	9	7500	450	0	0	0	0	0	0	7950	79.5	954
35	2011年1月	9	9000	450	0	0	0	0	0	0	9450	94.5	1134
36	2011年1月	9	4500	450	0	0	0	0	0	0	4950	49.5	594
37	2011年1月	9	5000	450	0	0	0	0	0	0	5450	54.5	654
38													
39													

1月员工工资表　工龄工资　统计报告

就绪　　　　　　　　　　平均值: 977.44　计数: 35　求和: 34210.4　100%

图 4.50　利用填充的方式复制公式

8. 利用函数计算"个人所得税"

根据公司的规定,个人所得税是根据应发工资的数额确定的,具体操作如下。

① 选择 V3 单元格,单击编辑栏左边的插入函数按钮 f_x,在"插入函数"对话框中选择 IF 函数。

② 在弹出的"函数参数"对话框中输入参数"Logical_test"为"S3－5000<=0","Value_if_true"为 0,"Value_if_false"为"IF(S3－5000<=1500,(S3－5000)*0.03,IF(S3－5000<=4500,(S3－5000)*0.1－105,(S3－5000)*0.2－555))",如图 4.51 所示。

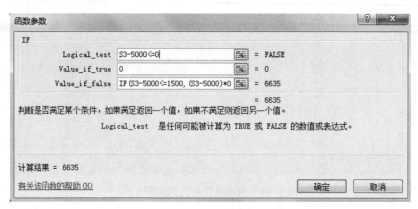

图 4.51　函数参数设置

③ 使用序列填充的方式将公式复制至 V37 单元格，结果如图 4.52 所示。

	J	K	L	M	N	O	P	Q	R	S	T	U	V
24	8	5000	400	0	0	0	0	0	0	5400	54	648	12
25	10	5500	500	0	0	0	0	0	0	6000	60	720	30
26	9	8500	450	0	0	0	0	0	0	8950	89.5	1074	290
27	9	7500	450	0	0	0	0	0	0	7950	79.5	954	190
28	9	5000	450	0	0	2	454.5	0	0	4995.5	50	599.5	0
29	9	5000	450	0	0	0	0	0	0	5450	54.5	654	13.5
30	9	4500	450	0	0	0	0	0	0	4950	49.5	594	0
31	9	6000	450	0	0	0	0	0	0	6450	64.5	774	43.5
32	9	6500	450	0	0	0	0	0	0	6950	69.5	834	90
33	9	8000	450	0	0	0	0	0	0	8450	84.5	1014	240
34	9	7500	450	0	0	0	0	0	0	7950	79.5	954	190
35	9	9000	450	0	0	0	0	0	0	9450	94.5	1134	340
36	9	4500	450	0	0	0	0	0	0	4950	49.5	594	0
37	9	5000	450	0	0	0	0	0	0	5450	54.5	654	13.5

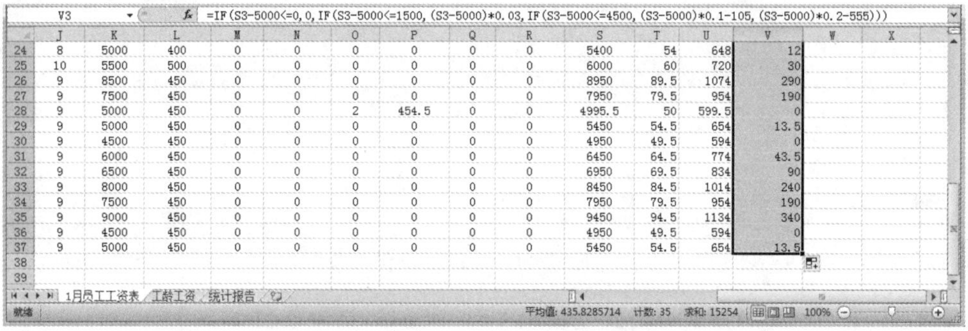

图 4.52　利用填充的方式复制公式

9. 利用公式计算“实发工资”

实发工资是应发工资扣除医疗保险金、住房公积金、个人所得税后的数额。选择“1 月员工工资表”表中的 W3 单元格，在编辑栏中输入公式“＝S3－T3－U3－V3”后回车，则会计算出编号为“001”的员工的实发工资，如图 4.53 所示。

	J	K	L	M	N	O	P	Q	R	S	T	U	V	W
2	工龄	基本工资	工龄工资	病假	病假扣除	事假	事假扣除	旷工	旷工扣除	应发工资	医保	公积金	个人所得税	实发工资
3	19	40000	950	0	0	0	0	0	0	40950	409.5	4914	6635	28991.5
4	18	10000	900	0	0	0	0	0	0	10900	109	1308	625	
5	13	9500	650	0	0	0	0	0	0	10150	101.5	1218	475	
6	18	15000	900	0	0	0	0	0	0	15900	159	1908	1625	
7	16	12000	800	0	0	0	0	0	0	12800	128	1536	1005	
8	7	3500	350	0	0	0	0	0	0	3850	38.5	462	0	
9	9	4000	450	0	0	0	0	0	0	4450	44.5	534	0	
10	10	4700	500	0	0	0	0	0	0	5200	52	624	6	
11	13	4500	650	0	0	0	0	0	0	5150	51.5	618	4.5	
12	9	2500	450	0	0	0	0	0	0	2950	29.5	354	0	
13	18	5600	900	0	0	0	0	0	0	6500	65	780	45	
14	14	6000	700	2	100	0	0	0	0	6600	66	792	55	
15	9	3800	450	0	0	0	0	0	0	4250	42.5	510	0	
16	9	4500	450	0	0	0	0	0	0	4950	49.5	594	0	

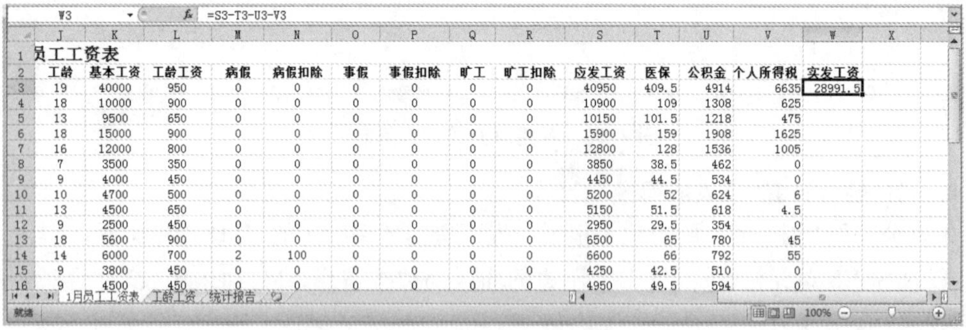

图 4.53　计算实发工资

② 使用序列填充的方式将公式复制至 W37 单元格，结果如图 4.54 所示。

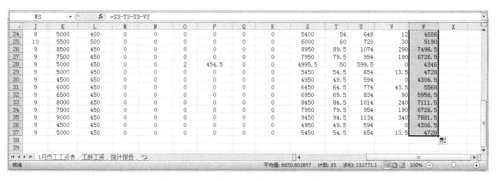

图 4.54　利用填充的方式复制公式

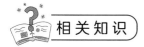相关知识

1. MID 函数

主要功能：从指定字符串中指定位置提取指定个数字符。

使用格式：MID(text,start_num,num_chars)。

参数说明：text 表示指定的字符串，一般为引用的单元格；start_num 表示指定位置；num_chars 表示指定个数。

该函数的应用举例如图 4.55 所示。

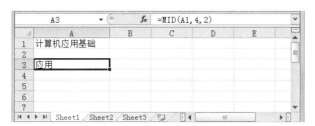

图 4.55　MID 函数应用举例

2. TODAY 函数

主要功能：用来返回当前的日期，即电脑设置的日期。

使用格式：TODAY()。

参数说明：该函数是无参函数。

3. INT 函数

主要功能：将数字向下舍入到最接近的整数。

使用格式：INT(Number)。

参数说明：Number 是需要进行向下舍入取整的实数。

4. ROUND 函数

主要功能：按指定的位数(Num_digits)对数据(number)进行四舍五入。

使用格式：ROUND(Number,num_digits)。

参数说明：ROUND 函数是数学函数，Number 是需要四舍五入的实数，Num_digits 是小数保留的位数。

能力提升

1. LEFT 函数

主要功能：从字符串的左边截取字符。

使用格式：LEFT(Text,Num_chars)。

参数说明：LEFT 函数是文本处理函数。Text 是包含要提取的字符的文本字符串，该参数是必需的，Num_chars 是指定要由 LEFT 提取的字符的数量，该参数可选，如省略则假设其值为 1。如 Num_chars 大于文本长度，则 LEFT 返回全部文本。该函数的应用举例如图 4.56 所示。

图 4.56　LEFT 函数应用举例

2. RIGHT 函数

主要功能：从字符串的右边截取字符。

使用格式：RIGHT(Text，Num_chars)。

参数说明：RIGHT 函数是文本处理函数。Text 是包含要提取的字符的文本字符串，该参数是必需的，Num_chars 是指定要由 RIGHT 提取的字符的数量，该参数可选，如省略则假设其值为 1。如 Num_chars 大于文本长度，则 RIGHT 返回全部文本。该函数的应用举例如图 4.57 所示。

图 4.57　RIGHT 函数应用举例

课后练习

选择题

1. 在 Excel 中,当前工作表的 B1:C5 单元格区域已经填入数值型数据,如果要计算这10 个单元格的平均值并把结果保存在 D1 单元格中,则要在 D1 单元格中输入(   )。

A. =COUNT(B1:C5)　　　　　　B. =AVERAGE(B1:C5)

C. =MAX(B1:C5)　　　　　　　D. =SUM(B1:C5)

2. 在工作表的 D7 单元格内存在公式:"=A7+＄B＄4",若在第 3 行处插入一新行,则插入后原单元格中的内容为(   )。

A. =A8+＄B＄4　　　　　　　B. =A8+＄B＄5

C. =A7+＄B＄4　　　　　　　D. =A7+＄B＄5

3. 若在工作簿 Book1 的工作表 Sheet2 的 C1 单元格内输入公式,需要引用 Book2 的Sheet1 工作表中 A2 单元格的数据,那么正确的引用格式为(   )。

A. Sheet! A2　　　　　　　　B. Book2! Sheet1!(A2)

C. BookSheet1A2　　　　　　D. ［Book2］Sheet1! A2

4. 在 Excel 2010 中,如果一个单元格中输入的信息是以"="开头,则信息类型为(   )。

A. 常数　　　　B. 公式　　　　C. 提示信息　　　　D. 一般字符

5. 在 Excel 2010 中,下列公式格式中错误的是(   )。

A. A5=C1＊D1　　　　　　　B. A5=C1/D1

C. A5=C1"OR"D1　　　　　　D. A5=OR(C1,D1)

6. 已知单元格 G2 中有公式"=SUM(C2:F2)",将该公式复制到单元格 G3 后,G3 中的内容为(   )。

A. =SUM(C2:F2)　　　　　　　B. =SUM(C3:F3)

C. SUM(C2:F2)　　　　　　　D. SUM(C3:F3)

任务 4.2.2　工资表数据统计与分析

任务效果

完成了各项数据的计算后,可通过函数、筛选、分类汇总、数据透视表及数据透视图对工资表中的数据进行统计和分析,其效果如图 4.58 至图 4.63 所示。

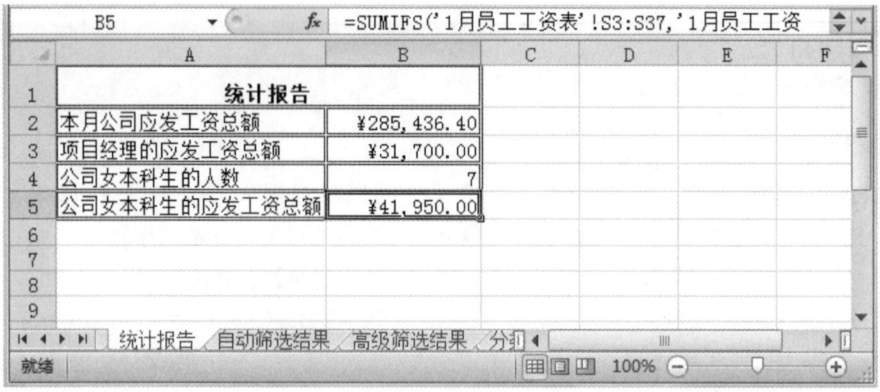

图 4.58　使用函数进行数据统计

图 4.59　使用自动筛选筛选出低工资人群信息

图 4.60　使用高级筛选筛选低工资人群信息

170

1 2 3		A	B	C	D	E	F	G	H
	1	员工编号	姓名	性别	部门	职务	身份证号	出生日期	学历
	2	001	陈海风	男	管理	总经理	110108196301020119	1963年01月02日	博士
	3	002	季晓军	男	管理	部门经理	410205196412278211	1964年12月27日	硕士
	4	003	李江南	男	管理	人事行政经理	420316197409283216	1974年09月28日	硕士
	5	007	楚依依	女	管理	销售经理	110102197305120123	1973年05月12日	硕士
	6	008	侯毅	男	管理	研发经理	310108197712121139	1977年12月12日	硕士
	7				管理 汇总				
	8	004	苏果	女	行政	文秘	110105198903040128	1989年03月04日	大专
	9	012	孙小红	女	行政	员工	551018198607311126	1986年07月31日	本科
	10	016	陈安培	男	行政	员工	610308198111020379	1981年11月02日	本科
	11	019	丰飞	男	行政	员工	210108197912031129	1979年12月03日	本科
	12	022	张雅婷	女	行政	员工	110107198010120109	1980年10月12日	高中
	13				行政 汇总				
	14	010	马进	男	人事	员工	110101197209021144	1972年09月02日	本科
	15	011	周子琛	男	人事	员工	110108197812121029	1978年12月12日	本科
	16	027	胡欣然	女	人事	员工	410205197908078231	1979年08月07日	本科
	17	028	蒋晴晴	女	人事	员工	110104198204140127	1982年04月14日	本科
	18				人事 汇总				
	19	015	黄鹂	女	销售	员工	110106198504040127	1985年04月04日	大专
	20	018	袁嘉怡	女	销售	员工	110103198111090028	1981年11月09日	中专
	21	024	谢小林	男	销售	员工	110108197507220123	1975年07月22日	本科

图 4.61　使用分类汇总统计出各部门应发工资总额

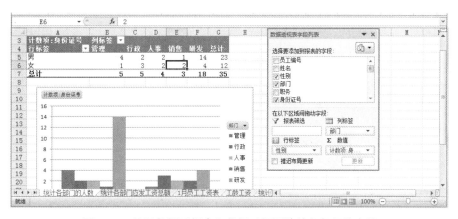

图 4.62　使用数据透视表和数据透视图统计各部门的人数

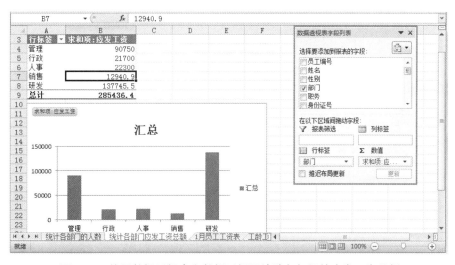

图 4.63　使用数据透视表和数据透视图统计各部门的应发工资总额

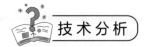 技术分析

① 使用函数统计出公司当月应发工资总额、项目经理应发工资总额、公司女本科生人数及应发工资总额。

② 使用自动筛选和高级筛选功能,筛选出低工资人群信息。

③ 使用分类汇总功能,统计出各部门应发工资总额。

④ 使用数据透视表和数据透视图,统计出各部门员工人数和应发工资总额。

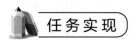 任务实现

1. 利用 SUM 函数计算本月应发工资总额

① 在"统计报告"表中单击 B2 单元格,单击编辑栏左侧的"插入函数"按钮 f_x,在"插入函数"对话框中,选择"常用函数"中 SUM 函数,如图 4.64 所示。

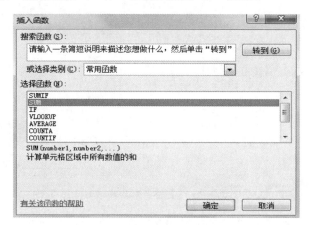

统计应发工资
总额

图 4.64　插入 SUM 函数

② 单击"确定"按钮后,在打开的"函数参数"对话框中设置函数参数,"Number1"为"'1月员工工资表'! S3:S37",如图 4.65 所示,单击"确定"后,最后的结果如图 4.66 所示。

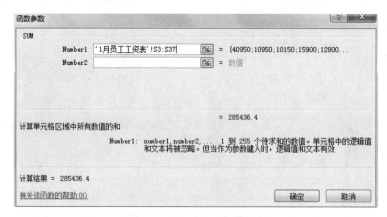

图 4.65　SUM 函数参数设置

	A	B
1	**统计报告**	
2	本月公司应发工资总额	285436.4
3	项目经理的应发工资总额	
4	公司女本科生的人数	
5	公司女本科生的应发工资总额	

图 4.66 统计本月公司的应发工资总额

③ 选择 B2 单元格，打开"单元格格式"对话框，选择"数字"选项卡，设置数据类型为"货币"，小数位数为"2"，货币符号为"¥"，如图 4.67 所示，最后结果如图 4.68 所示。

图 4.67 设置单元格数据格式

	A	B
1	**统计报告**	
2	本月公司应发工资总额	¥285,436.40
3	项目经理的应发工资总额	
4	公司女本科生的人数	
5	公司女本科生的应发工资总额	

图 4.68 设置货币型后的结果

2. 利用 SUMIF 函数计算项目经理应发工资总额

① 在"统计报告"表中单击 B3 单元格，单击编辑栏左侧的"插入函数"按钮 *fx*，在"插入函数"对话框中，选择"常用函数"中 SUMIF 函数，如图 4.69 所示。

② 单击"确定"后，在打开的"函数参数"对话框中设置函数参数，条件范围"Range"为"'1 月员工工资表'! E3:E37"，条件"Criteria"为"项目经理"，求和范围"Sum_range"为"'1 月员工工资表'! S3:S37"，如图 4.70 所示，单击"确定"后，最后的结果如图 4.71 所示。

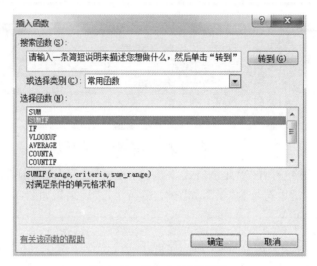

图 4.69　插入 SUMIF 函数

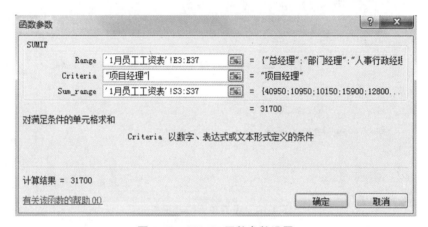

图 4.70　SUMIF 函数参数设置

③ 选择 B3 单元格，设置数据类型为货币型，最后结果如图 4.72 所示。

	A	B
1	统计报告	
2	本月公司应发工资总额	¥285,436.40
3	项目经理的应发工资总额	31700
4	公司女本科生的人数	
5	公司女本科生的应发工资总额	

图 4.71　统计项目经理的应发工资总额

	A	B
1	统计报告	
2	本月公司应发工资总额	¥285,436.40
3	项目经理的应发工资总额	¥31,700.00
4	公司女本科生的人数	
5	公司女本科生的应发工资总额	

图 4.72　设置货币型后的结果

3. 利用 COUNTIFS 函数计算公司女本科生人数

① 在"统计报告"表中单击 B4 单元格，单击编辑栏左侧的"插入函数"按钮 f_x，在"插入函数"对话框中，选择"统计"中 COUNTIFS 函数，如图 4.73 所示。

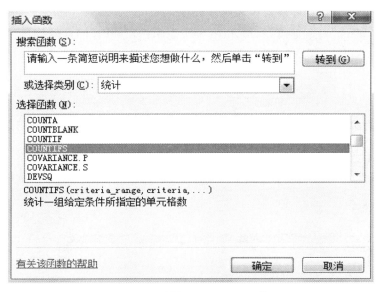

图 4.73　插入 COUNTIFS 函数

② 单击"确定"按钮后，在打开的"函数参数"对话框中设置函数参数，条件范围 1 "Criteria_range1"为"'1 月员工工资表 '! C3：C37"，条件 1"Criteria1"为"女"，条件范围 2 "Criteria_range2"为"'1 月员工工资表 '! H3：H37"，条件 2"Criteria2"为"本科"，如图 4.74 所示，单击"确定"后，最后的结果如图 4.75 所示。

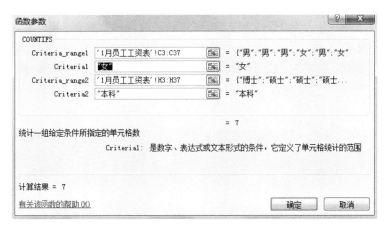

图 4.74　COUNTIFS 函数参数设置

	A	B
1	统计报告	
2	本月公司应发工资总额	¥285,436.40
3	项目经理的应发工资总额	¥31,700.00
4	公司女本科生的人数	7
5	公司女本科生的应发工资总额	

图 4.75　统计公司女本科生人数

4. 利用 SUMIFS 函数计算公司女本科生的应发工资总额

① 在"统计报告"表中单击 B5 单元格,单击编辑栏左侧的"插入函数"按钮 *fx*,在"插入函数"对话框中,选择"数学与三角函数"中 SUMIFS 函数,如图 4.76 所示。

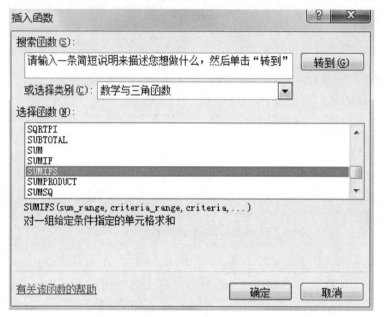

统计女本科生
工资总额

图 4.76　插入 SUMIFS 函数

② 单击"确定"后,在打开的"函数参数"对话框中设置函数参数,求和范围"Sum_range"为"'1 月员工工资表 '! S3:S37",条件范围 1"Criteria_range1"为"'1 月员工工资表 '! C3:C37",条件 1"Criteria1"为"女",条件范围 2"Criteria_range2"为"'1 月员工工资表 '! H3:H37",条件 2"Criteria2"为"本科",如图 4.77 所示,单击"确定"后,最后的结果如图 4.78 所示。

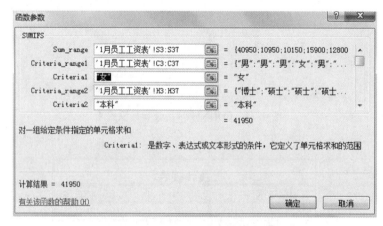

图 4.77　SUMIFS 函数参数设置

③ 选择 B5 单元格,设置数据类型为货币型,最后结果如图 4.79 所示。

	A	B
1	统计报告	
2	本月公司应发工资总额	¥285,436.40
3	项目经理的应发工资总额	¥31,700.00
4	公司女本科生的人数	7
5	公司女本科生的应发工资总额	41950

图4.78　统计公司女本科生的应发工资总额

	A	B
1	统计报告	
2	本月公司应发工资总额	¥285,436.40
3	项目经理的应发工资总额	¥31,700.00
4	公司女本科生的人数	7
5	公司女本科生的应发工资总额	¥41,950.00

图4.79　设置货币型后的结果

5. 筛选出应发工资低于4000元的员工信息

（1）自动筛选

自动筛选

① 单击窗口底部的"插入工作表"按钮，插入一个新的工作表"sheet1"，将其重命名为"自动筛选结果"。然后将"1月员工工资表"中的A2:W37区域数据复制到"自动筛选结果"工作表的A1:W36区域中。调整好各列列宽，以便数据能完整显示。

② 单击"数据"菜单中的"数字与筛选"工作组中的"筛选"按钮，则各字段名中就会出现下拉按钮，如图4.80所示。

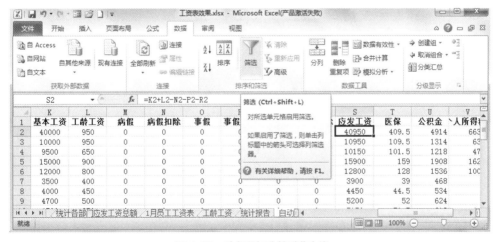

图4.80　选择"自动筛选"功能

③ 单击字段"应发工资"中的下拉按钮，选择"数字筛选"中的"小于"选项，如图4.81所示。

④ 在打开的对话框中,设置自动筛选条件为"应发工资小于 4000",如图 4.82 所示。最后自动筛选出来的结果如图 4.83 所示。

图 4.81 "应发工资"字段菜单选项选择

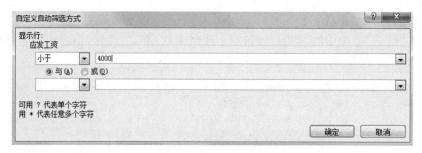

图 4.82 筛选条件设置

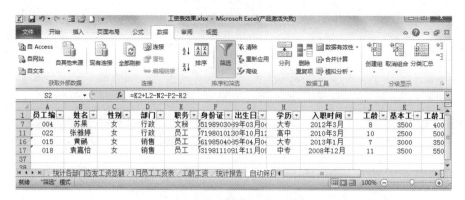

图 4.83 自动筛选的结果

（2）高级筛选

① 单击窗口底部的"插入工作表"按钮，插入一个新的工作表"sheet1"，将其重命名为"高级筛选结果"。然后将"1月员工工资表"中的 A2：W37 区域数据复制到"自动筛选结果"工作表的 A1：W36 区域中。调整好各列列宽，以便数据能完整显示。

② 在高级筛选前，要先设置筛选条件。复制 S1 单元格中内容"应发工资"至 A40 单元格，在 A41 单元格中输入条件"<4000"。如图 4.84 所示。

高级筛选

图 4.84　设置筛选条件

③ 选择数据区域 A1：W36，在"数据"菜单中的"排序和筛选"工作组中选择"高级筛选"按钮，如图 4.85 所示。

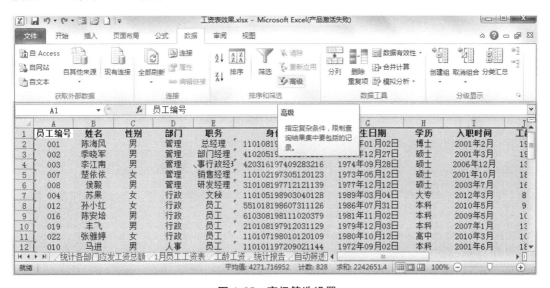

图 4.85　高级筛选设置

④ 在打开的"高级筛选"对话框中，选择"将筛选结果复制到其他位置"单选按钮；设置"列表区域"为"＄A＄1：＄W＄36"，设置"条件区域"为"高级筛选结果！＄A＄40：＄A＄41"，设置"复制到"为"高级筛选结果！＄A＄44：＄W＄54"，如图 4.86 所示，单击确定后得出结果如图 4.87 所示。

图 4.86　高级筛选参数设置

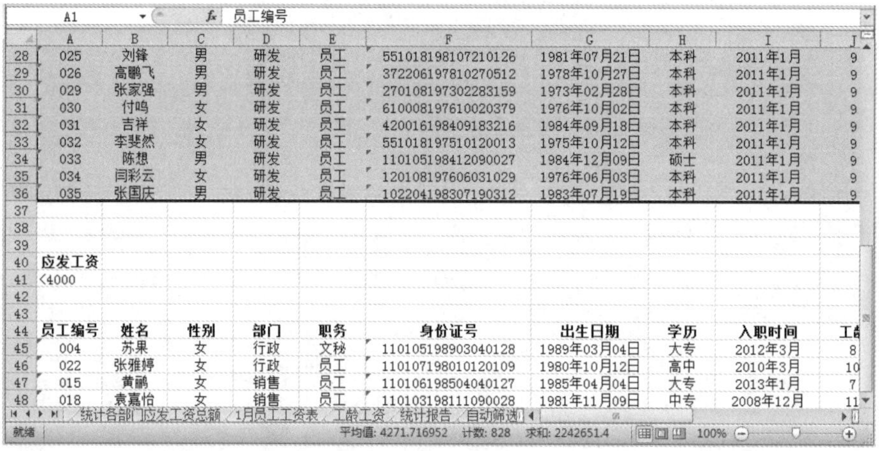

图 4.87　高级筛选后的结果

6. 分类汇总统计每个部门当月的应发工资总额

使用"分类汇总"功能统计出每个部门当月的工资总额,首先要对表格数据按"部门"字段进行排序,以实现按部门分类。

① 单击窗口底部的"插入工作表"按钮 ，插入一个新的工作表"sheet1",将其重命名为"分类汇总表"。然后将"1 月员工工资表"中的 A2：W37 区域数据复制到"分类汇总表"工作表的 A1：W36 区域中。调整好各列列宽,以便数据能完整显示。

分类汇总

② 选择"分类汇总表"中的数据区域 A1：W36,在"数据"菜单中的"排序和筛选"工作组中单击"排序"按钮 ，打开排序对话框。"主关键字"设为"部门","排序依据"设为"数值","次序"设置为"升序",如图 4.88 所示;单击"确定"后排序结果如图 4.89 所示。

③ 选择数据区域 A1：W36,在"数据"菜单的"分级显示"工作组中单击"分类汇总"按钮 ，在打开的"分类汇总"对话框中,设置"分类字段"为"部门",设置"汇总方式"为"求和",设置"选定汇总项"为"应发工资",其他为默认设置,如图 4.90 所示;单击"确定"后,得到各部门当月基础工资的汇总表,如图 4.91 所示。

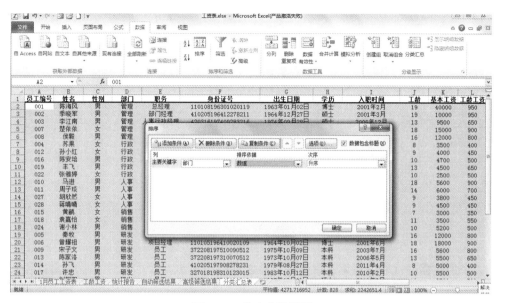

图 4.88 排序参数设置

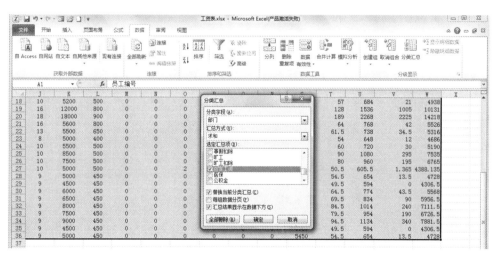

图 4.89 按部门进行排序

图 4.90 分类汇总参数设置

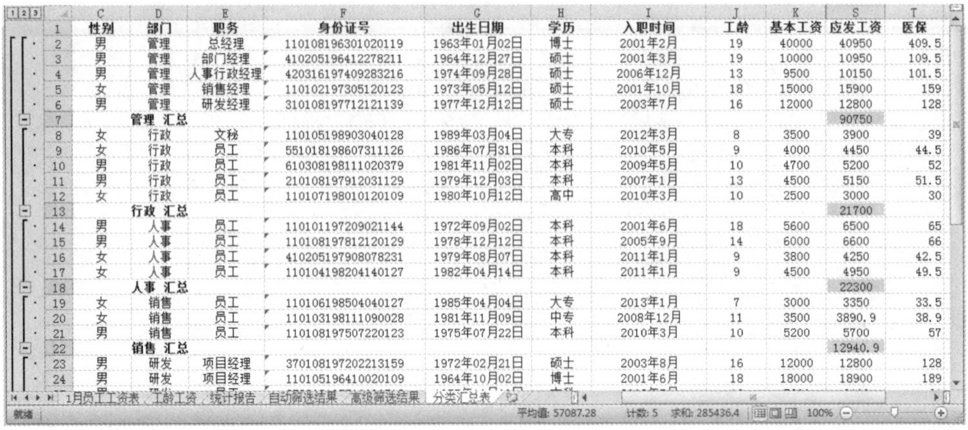

性别 部门 职务 身份证号 出生日期 学历 入职时间 工龄 基本工资 应发工资 医保
男 管理 总经理 110108196301020119 1963年01月02日 博士 2001年2月 19 40000 40950 409.5
男 管理 部门经理 410205196412278211 1964年12月27日 硕士 2001年3月 19 10000 10950 109.5
男 管理 人事行政经理 420316197409283216 1974年09月28日 硕士 2006年12月 13 9500 10150 101.5
女 管理 销售经理 110102197305120123 1973年05月12日 硕士 2001年10月 18 15000 15900 159
男 管理 研发经理 310108197712121139 1977年12月12日 硕士 2003年7月 16 12000 12800 128
管理 汇总 90750
女 行政 文秘 110105198903040128 1989年03月04日 大专 2012年3月 8 3500 3900 39
女 行政 员工 551018198607311126 1986年07月31日 本科 2010年5月 9 4000 4450 44.5
男 行政 员工 610308198111020379 1981年11月02日 本科 2009年5月 10 4700 5200 52
男 行政 员工 210108197912031129 1979年12月03日 本科 2007年1月 13 4500 5150 51.5
女 行政 员工 110107198010120109 1980年10月12日 高中 2010年3月 10 2500 3000 30
行政 汇总 21700
男 人事 员工 110101197209021144 1972年09月02日 本科 2001年6月 18 5600 6500 65
男 人事 员工 110108197812120129 1978年12月12日 本科 2005年9月 14 6000 6600 66
女 人事 员工 410205197908078231 1979年08月07日 本科 2011年1月 9 3800 4250 42.5
女 人事 员工 110104198204140127 1982年04月14日 本科 2011年1月 9 4500 4950 49.5
人事 汇总 22300
女 销售 员工 110106198504040127 1985年04月04日 大专 2013年1月 7 3000 3350 33.5
女 销售 员工 110103198111090028 1981年11月09日 中专 2008年12月 11 3500 3890.9 38.9
男 销售 员工 110108197507220123 1975年07月22日 本科 2010年3月 10 5200 5700 57
销售 汇总 12940.9
男 研发 项目经理 370108197202213159 1972年02月21日 硕士 2003年8月 16 12000 12800 128
男 研发 项目经理 110105196410020109 1964年10月02日 博士 2001年6月 18 18000 18900 189
1月员工工资表 工龄工资 统计报告 自动筛选结果 高级筛选结果 分类汇总表
就绪 平均值: 57087.28 计数: 5 求和: 285436.4 100%

图 4.91　分类汇总结果

7. 使用数据透视表和数据透视图统计分析各部门员工人数

① 选择“1 月员工工资表”数据区域 A2:W37 中的任意单元格,单击“插入”菜单下“表格”工作组中的“数据透视表”按钮。在打开的对话框中,设置“表/区域”为“'1 月员工工资表 '! $A$2: $W$37”,将“选择放置数据透视表的位置”选择为“新工作表”,如图 4.92 所示。

数据透视表

② 单击“确定”后,将新工作表的名称重命名为“统计各部门的人数”,如图 4.93 所示。

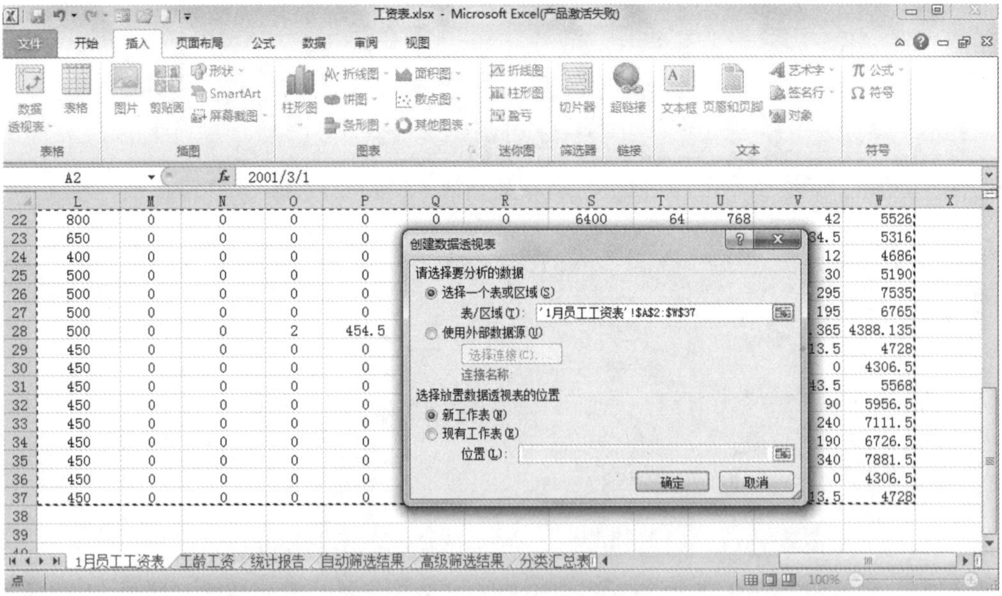

工资表.xlsx - Microsoft Excel(产品激活失败)
文件 开始 插入 页面布局 公式 数据 审阅 视图
数据透视表 表格 图片 剪贴画 形状 SmartArt 屏幕截图 柱形图 折线图 饼图 条形图 面积图 散点图 其他图表 折线图 柱形图 盈亏 切片器 超链接 文本框 页眉和页脚 艺术字 签名行 对象 公式 符号
表格 插图 图表 迷你图 筛选器 链接 文本 符号
A2 2001/3/1
创建数据透视表
请选择要分析的数据
选择一个表或区域(S)
表/区域(T): '1月员工工资表'!$A$2:$W$37
使用外部数据源(U)
选择连接(C)...
连接名称:
选择放置数据透视表的位置
新工作表(N)
现有工作表(E)
位置(L):
确定 取消
1月员工工资表 工龄工资 统计报告 自动筛选结果 高级筛选结果 分类汇总表

图 4.92　插入数据透视表

③ 将“部门”字段拖到“列标签”内,将“性别”字段拖到“行标签”内,将“身份证号”字段拖到“数值”内。单击“计数项:身份证号”右边的下拉按钮,选择“值字段设置”选项,选择“计算类型”为“计数”,如图 4.94 和图 4.95 所示。

图 4.93　重命名数据透视表

图 4.94　参数设置

图 4.95　设置计算类型

④ 单击"数据透视表工具选项"菜单中"工具"工作组中的"数据透视图"按钮 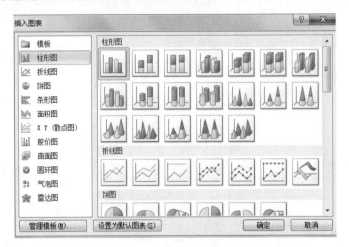，在打开的对话框中选择图标类型为"簇状柱形图"，即可为数据透视表添加一个数据透视图，如图4.96所示，添加数据透视表和数据透视图后的结果如图4.97所示。

图 4.96　数据透视图类型选择

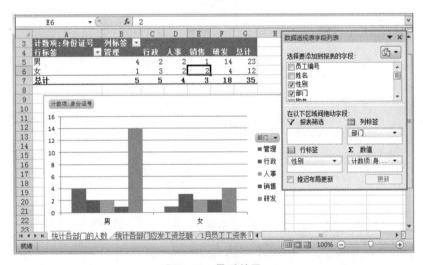

图 4.97　最后效果

8. 使用数据透视表和数据透视图统计分析各部门应发工资总额

① 选择"1月员工工资表"数据区域 A2：W37 中的任意单元格，单击"插入"菜单下"表格"工作组中的"数据透视表"按钮 。在打开的对话框中，设置"表/区域"为"'1月员工工资表'！$A$2：$W$37"，将"选择放置数据透视表的位置"选择为"新工作表"。将新工作表重命名为"统计各部门应发工资总额"。将"部门"字段拖到"行标签"中，将"应发工资"字段拖到"数值"中，如图4.98所示。

② 单击"数据透视表工具选项"菜单中"工具"工作组中的"数据透视图"按钮 ，在打开的对话框中选择图标类型为"簇状柱形图"，即可为数据透视表添加一个数据透视图，添加数据透视表和数据透视图后的结果如图4.99所示。

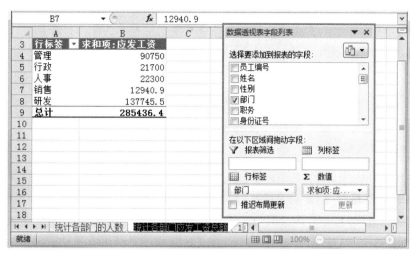

图 4.98 数据透视表设置

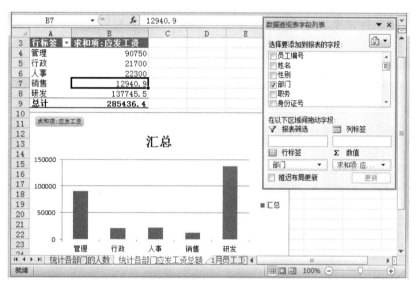

图 4.99 最后结果

相关知识

1. SUMIF 函数

主要功能:根据指定条件对若干单元格求和。

使用格式:SUMIF(range,criteria,[sum_range])。

参数说明:range 为条件区域,用于条件判断的单元格区域;criteria 是求和条件,由数字、逻辑表达式等组成的判定条件;sum_range 为实际求和区域,即需要求和的单元格、区域或引用,当省略该参数时,则条件区域就是实际求和区域。

2. SUMIFS 函数

主要功能:计算单元格区域或数组中符合多个指定条件的数字的总和。

使用格式：SUMIFS(sum_range,criteria_range1,criteria1,[criteria_range2],[criteria2],…)

参数说明:sum_range(必选):表示要求和的单元格区域;criteria_range1(必选)表示要作为条件进行判断的第 1 个单元格区域;criteria_range2,…(可选):表示要作为条件进行判断的第 2~127 个单元格区域;criteria1(必选)表示要进行判断的第 1 个条件,形式可以为数字、文本或表达式,例如,16、"16"、">16"、"图书"或 ">"&A1 等;criteria2,…(可选):表示要进行判断的第 2~127 个条件,形式可以为数字、文本或表达式。

3. COUNTIFS 函数

功能:统计一组给定条件所指定的单元格的数目。

使用格式:COUNTIFS(range1,criteria1,[range2,criteria2]…)。

参数说明:range1,range2,…是计算关联条件的区域;criteria1,criteria2,…是数字、表达式、单元格引用或文本形式的条件,用于定义要对哪些单元格进行计算。

应用举例:在 K25 单元格中输入公式"=COUNTIFS(V3:V22,"<80",V3:V22,">=70")",即可统计出在 V3:V22 单元格区域中,数值小于 80 且大于等于 70 的单元格的数目。

4. 数据排序

电子表格可以根据一列或多列的数据按升序或降序对数据进行排序。排序分为简单排序和复杂排序。

简单排序:简单排序是指对单一字段按升序或降序排列。选择"数据"菜单,在工具栏中直接单击工具栏的"升序"按钮 ↓ 和"降序"按钮 ↓ 快速实现。

复杂排序:当排序的字段值相同时,可使用最多 3 个字段进行三级复杂排序。选择"数据"菜单,在工具栏单击按钮 ⇕ ,在打开的对话框中设置具体的排序方式,如图 4.100所示。

图 4.100　复杂排序设置

5. 分类汇总

分类汇总是指对工作表中的某一项数据进行分类,再对需要汇总的数据进行汇总计算。汇总方式包括求和、计数、求平均值、求最大值、求最小值等。

在分类汇总前,要先对分类字段进行排序,以便将同类记录组织在一起。利用嵌套分类汇总,可以实现各种复杂的数据统计。

6. 数据筛选

数据筛选将显示数据清单中满足条件的数据,不满足条件的数据暂时隐藏起来(但没有被删除)。当筛选条件被删除时,隐藏的数据便又恢复显示。数据筛选分为自动筛选和高级筛选。

自动筛选:选择"数据"菜单,在工具栏中的"排序与筛选"区域单击按钮 ,进入自动筛选状态,在所需筛选的字段下拉列表框中选择所要筛选的确切值,或通过"自定义"输入筛选的条件。

高级筛选:选择"数据"菜单,在工具栏中的"排序与筛选"区域单击按钮 ,就进入了高级筛选状态,使用高级筛选首先要建立条件区域,条件区域至少有两行,且首行为与数据区域相应字段精确匹配的字段。

7. 数据透视表和数据透视图

数据透视表是一种多维式表格,可快速合并和比较大量数据,它可以从不同角度对数据进行分析,以浓缩信息为决策者提供参考。数据透视图是另一种数据表现形式,与数据透视表不同之处在于它可以选择适当的图形和色彩来描述数据的特性,如图 4.101 所示。

图 4.101　数据透视表和数据透视图

 能力提升

1. COUNTIF 函数

功能:统计某个单元格区域中满足给定条件的单元格的数目。

使用格式:COUNTIF(Range,Criteria)。

参数说明:Range 表示需要统计其中满足条件的单元格数目的单元格区域;Criteria 表

示指定的统计条件,其形式可以为数字、表达式、单元格引用或文本。

应用举例:在 E25 单元格中输入公式"＝COUNTIF(V3:V22,"＜60")",即可统计出 V3:V22 单元格区域中数值小于 60 的单元格数目。

2. VLOOKUP 函数

功能:VLOOKUP 函数是 Excel 中的一个纵向查找函数,功能是按列查找,最终返回该列所需查询序列所对应的值。

使用格式:VLOOKUP(Lookup_value,Table_array,Col_index_num,Range_lookup)。

参数说明:Lookup_value 为需要在数据表第一列中进行查找的数值。Lookup_value 可以为数值、引用或文本字符串。当 VLOOKUP 函数第一参数省略查找值时,表示用 0 查找。

Table_array 为需要在其中查找数据的数据表,可以作为对区域或区域名称的引用。

Col_index_num 为 table_array 中查找数据的数据列序号。Col_index_num 为 1 时返回 Table_array 第一列的数值,Col_index_num 为 2 时返回 Table_array 第二列的数值,以此类推。如果 Col_index_num 小于 1,函数 VLOOKUP 返回错误值♯VALUE!;如果 Col_index_num 大于 Table_array 的列数,函数 VLOOKUP 返回错误值♯REF!。

Range_lookup 为一逻辑值,指明函数 VLOOKUP 在查找时是精确匹配还是近似匹配。如果为 FALSE 或 0,则返回精确匹配,如果找不到,则返回错误值♯N/A。如果 range_lookup 为 TRUE 或 1,函数 VLOOKUP 将查找近似匹配值,也就是说,如果找不到精确匹配值,则返回小于 lookup_value 的最大数值。如果 range_lookup 省略,则默认为 0。

例如有"课时费统计"表和"课时费标准"表,"课时费标准"表如图 4.102 所示。现在要从"课时费标准"表中根据"职称"查找"课时标准"并返回到"课时费统计"表中。选择图 4.103中的 G3 单元格,然后输入"＝VLOOKUP(F3,课时费标准! $A$3:$B$6,2,0)",最后使用序列填充的方式完成填充,结果如图 4.104 所示。

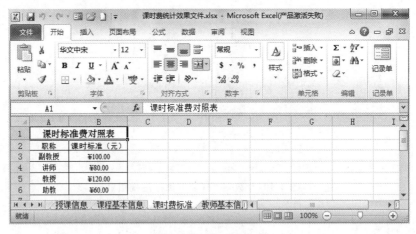

图 4.102　课时费标准

	G3	▼		fx	=VLOOKUP(F3,课时费标准!$A$3:$B$6,2,0)			
	A	B	C	D	E	F	G	H	I
2	序号	年度	系	教研室	姓名	职称	课时标准	学时数	课时费
3	1	2012	计算机系	计算机基础室	陈国庆	教授	120		
4	2	2012	计算机系	计算机基础室	张慧龙	教授			
5	3	2012	计算机系	计算机基础室	崔咏絮	副教授			
6	4	2012	计算机系	计算机基础室	龚自飞	副教授			
7	5	2012	计算机系	计算机基础室	李浩然	副教授			
8	6	2012	计算机系	计算机基础室	王一斌	副教授			
9	7	2012	计算机系	计算机基础室	向玉瑶	副教授			
10	8	2012	计算机系	计算机基础室	陈清河	讲师			
11	9	2012	计算机系	计算机基础室	金洪山	讲师			
12	10	2012	计算机系	计算机基础室	李传东	讲师			
13	11	2012	计算机系	计算机基础室	李建州	讲师			
14	12	2012	计算机系	计算机基础室	李云雨	讲师			
15	13	2012	计算机系	计算机基础室	苏玉叶	讲师			
16	14	2012	计算机系	计算机基础室	王伟峰	讲师			
17	15	2012	计算机系	计算机基础室	王兴发	讲师			
18	16	2012	计算机系	计算机基础室	夏小萍	讲师			
19	17	2012	计算机系	计算机基础室	许五多	讲师			
20	18	2012	计算机系	计算机基础室	张定海	讲师			
21	19	2012	计算机系	计算机基础室	蒋山农	助教			
22	20	2012	计算机系	计算机基础室	薛馨子	助教			
23									

課時費统计　授课信息　课程基本信息　课时费标准　教师基本

图4.103　使用VLOOKUP函数从课时费标准中查找课时费

	G3	▼		fx	=VLOOKUP(F3,课时费标准!$A$3:$B$6,2,0)			
	A	B	C	D	E	F	G	H	I
2	序号	年度	系	教研室	姓名	职称	课时标准	学时数	课时费
3	1	2012	计算机系	计算机基础室	陈国庆	教授	120		
4	2	2012	计算机系	计算机基础室	张慧龙	教授	120		
5	3	2012	计算机系	计算机基础室	崔咏絮	副教授	100		
6	4	2012	计算机系	计算机基础室	龚自飞	副教授	100		
7	5	2012	计算机系	计算机基础室	李浩然	副教授	100		
8	6	2012	计算机系	计算机基础室	王一斌	副教授	100		
9	7	2012	计算机系	计算机基础室	向玉瑶	副教授	100		
10	8	2012	计算机系	计算机基础室	陈清河	讲师	80		
11	9	2012	计算机系	计算机基础室	金洪山	讲师	80		
12	10	2012	计算机系	计算机基础室	李传东	讲师	80		
13	11	2012	计算机系	计算机基础室	李建州	讲师	80		
14	12	2012	计算机系	计算机基础室	李云雨	讲师	80		
15	13	2012	计算机系	计算机基础室	苏玉叶	讲师	80		
16	14	2012	计算机系	计算机基础室	王伟峰	讲师	80		
17	15	2012	计算机系	计算机基础室	王兴发	讲师	80		
18	16	2012	计算机系	计算机基础室	夏小萍	讲师	80		
19	17	2012	计算机系	计算机基础室	许五多	讲师	80		
20	18	2012	计算机系	计算机基础室	张定海	讲师	80		
21	19	2012	计算机系	计算机基础室	蒋山农	助教	60		
22	20	2012	计算机系	计算机基础室	薛馨子	助教	60		
23									

課時費统计　授课信息　课程基本信息　课时费标准　教师基本

图4.104　序列填充后的结果

 课后练习

选择题

1. 在Excel 2010中,取消所有自动分类汇总的操作是(　　　)。

A. 按Delete键　　　　　　　　　B. 在编辑菜单中选"删除"选项

C. 在文件菜单中选"关闭"选项　　D. 在分类汇总对话框中点"全部删除"按钮

2. 某Excel 2010数据表记录了学生的5门课成绩,现要找出5门课都不及格的同学的数据,应使用(　　　)命令最为方便。

A. 查找　　　　　B. 排序　　　　　C. 筛选　　　　　D. 定位

3. 在 Excel 2010 中,数据排序可以按(　　)来排序。

A. 时间顺序　　　　B. 字母顺序　　　　C. 数值大小　　　　D. 以上均可

4. 对 Excel 2010 工作表进行数据筛选操作后,表格中未显示的数据(　　)。

A. 已被删除,不能再恢复　　　　　　B. 已被删除,但可以恢复

C. 被隐藏起来,但未被删除　　　　　D. 已被放置到另一个表格中

5. 在 Excel 2010 中,在自动筛选的自定义方式中,最多可以给出(　　)个条件。

A. 1 个　　　　B. 2 个　　　　　　C. 3 个　　　　　　D. 4 个

6. 已知在一 Excel 2010 工作表中,"职务"列的 4 个单元格中的数据分别为"董事长""总经理""主任"和"科长",按字母升序排序的结果为(　　)。

A. 董事长、总经理、主任、科长　　　　B. 科长、主任、总经理、董事长

C. 董事长、科长、主任、总经理　　　　D. 主任、总经理、科长、董事长

学习情境 5　制作演示文稿

项目5.1　制作大学生职业生涯规划报告
项目5.2　完善大学生职业生涯规划报告
项目5.3　我进博物馆讲文物

项目5.1 制作大学生职业生涯规划报告

"创业"还是"就业",是目前很多同学都会遇到的问题,特别是即将面临毕业的大学生们,焦虑、烦躁时时困扰着他们:选什么? 如何选? 这需要制定合理的规划。

任务5.1.1 幻灯片文本输入与管理

本任务为创建一个以文字为主的演示文稿,效果如图5.1所示,虽然演示文稿注重效果,但是演示文稿的核心依然是文本,因为文本是用户信息交流的重要内容。

图5.1 "大学生职业生涯规划"演示文稿效果

① 输入幻灯片文本。
② 管理幻灯片。

文本输入与管理

1. 输入幻灯片文本

向幻灯片中添加文本最简单的方法是直接将文本插入到占位符中,如果要在占位符之外的位置输入文本，则需要先插入文本框。另外也可通过大纲窗格向幻灯片中输入文本。

① 启动 PowerPoint 2010 程序，新建一个空白演示文稿。

② 单击"开始"选项卡"幻灯片"组中的"新建幻灯片"下拉按钮，在弹出的下拉列表中选择"幻灯片（从大纲）"选项。

③ 弹出"插入大纲"对话框，选择要插入的 Word 文档，如图 5.2 所示。

图 5.2　"插入大纲"对话框

④ 单击"插入"按钮，即可在当前演示文稿中插入新增加的幻灯片，如图 5.3 所示。

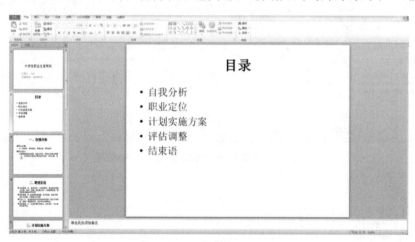

图 5.3　插入新增加的幻灯片

⑤ 单击左侧的大纲窗格，将插入点置于第 2 张幻灯片"目录"的后面，按 Enter 键，插入一张新的幻灯片，并输入第 3 张幻灯片的标题。

⑥ 在新行中右击，在弹出的快捷菜单中选择"降级"命令，或按 Tab 键，使插入点向右缩进，输入第 3 张幻灯片中的文本，如图 5.4 所示。

⑦ 保存演示文稿，命名为"大学生职业生涯规划"。

图 5.4　为"目录"幻灯片添加文本

2. 管理幻灯片

在制作演示文稿时,根据需要可以插入、删除和复制幻灯片。

因为在新建演示文稿时,会创建一张空白的标题幻灯片,此演示文稿不需要该幻灯片,所以将其删除。另外,在幻灯片的最后还需要再添加一张幻灯片,显示演讲结束的感谢语。

① 删除第 1 张幻灯片,并在演示文稿的最后插入一张新的幻灯片。

a. 在幻灯片窗格中,选择第 1 张幻灯片,按 Delete 键,或右击第 1 张幻灯片,在弹出的快捷菜单中选择"删除幻灯片"命令,将第 1 张幻灯片删除。

b. 单击第 7 张幻灯片。

c. 按 Ctrl+M 组合键,或单击"开始"选项卡"幻灯片"组中的"新建幻灯片"按钮,在第 7 张幻灯片之后插入一张新的幻灯片。

对于一个演示文稿来说,第 1 张幻灯片一般是标题幻灯片,犹如一本书的封面,说明演示的主题。

在向演示文稿中添加幻灯片时,不仅可以插入新幻灯片,也可以插入其他演示文稿中的幻灯片。

a. 在幻灯片浏览视图中,将光标置于幻灯片插入点。

b. 单击"开始"选项卡"幻灯片"组中的"新建幻灯片"下拉按钮,在弹出的下拉列表中选择"重用幻灯片"选项。

c. 在窗口右侧的"重用幻灯片"窗格中单击"浏览"按钮,在弹出的下拉列表中选择"浏览文件"选项,弹出"浏览"对话框,选择演示文稿,单击"打开"按钮,演示文稿中所有幻灯片将显示在"重用幻灯片"窗格中。

d. 在"重用幻灯片"窗格中单击相应的幻灯片,被选择的幻灯片随即插入到当前演示文稿中。

② 更改第 1 张幻灯片的版式为"标题幻灯片"、最后一张幻灯片的版式为"仅标题"。

a. 选择第 1 张幻灯片,单击"开始"选项卡"幻灯片"组中的"版式"按钮,从弹出的下拉列表中选择"标题幻灯片"版式,此时第 1 张幻灯片的标题和副标题分别显示在占位符的位置。

b. 按照同样的方法,选择第 8 张幻灯片,应用"仅标题"版式。

③ 在最后一张幻灯片的占位符中输入特殊符号"✎"和文本"THANK YOU!!"

a. 选择第 8 张幻灯片,在幻灯片窗格中,拖动"单击此处添加标题"占位符到幻灯片的垂直居中位置。

b. 输入特殊符号"❧"和文本"THANK YOU!!"效果如图 5.5 所示。

图 5.5　第 8 张幻灯片效果

任务 5.1.2　设置文本字体与段落格式

 任务效果

用户可以分别设置幻灯片中的文字与段落,以使幻灯片的效果更好。

技术分析

① 文本字体、字号和颜色设置。
② 文本段落的对齐方式、段落的缩进、段间距和行间距设置。

任务实现

1. 设置文本字体格式

① 将第 1~8 张幻灯片中的标题设置为"微软雅黑,44 号",颜色为"RGB(0,128,0)";将第 1 张幻灯片的副标题设置为"楷体,32 号",颜色为"RGB(102,153,0)"。

设置文本字体
与段落格式

a. 选择第 1 张幻灯片的标题"大学生职业生涯规划",单击"开始"选项卡"字体"组中的"字体"下拉按钮,弹出"字体"下拉列表,选择"微软雅黑"字体。

b. 单击"开始"选项卡"字体"组中的"字体"组合框,输入"44",然后按 Enter 键。

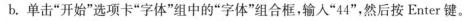

c. 单击"开始"选项卡"字体"组中的"字体颜色"下拉按钮,弹出"字体颜色"下拉列表,如图 5.6 所示。

d. 选择"其他颜色"选项,弹出"颜色"对话框,切换到"自定义"选项卡,输入 RGB(0,128,0),如图 5.7 所示。

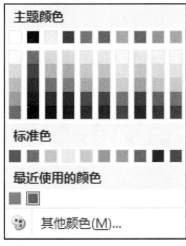

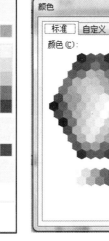

图 5.6 "字体颜色"下拉列表　　　　　图 5.7 "颜色"对话框

e. 按照设置第 1 张幻灯片标题的方法,设置其他幻灯片标题和副标题的字体格式。

② 将第 2~8 张幻灯片中的一级文本设置为"华文中宋,32 号",颜色为"RGB(0,102,0)";将二级文本设置为"楷体,28 号",颜色为"RGB(51,153,102)";将三级文本设置为"华文新魏,24 号",颜色为"RGB(0,204,153)"。

操作步骤略。

2. 设置文本段落格式

用户可以设置文本段落的对齐方式、段落的缩进、段间距和行间距等。

① 设置第 2~8 张幻灯片中所有文本的对齐方式为"两端对齐",行距为"1.2 倍行距";设置第 2 张幻灯片中一级文本的项目符号为"一. 二. ……";其他幻灯片中一级文本的项目符号为"◆",二级文本的项目符号为"➢",三级文本的项目符号为"√";取消第 7 张幻灯片中二级文本的项目符号,并设置首行缩进 2 字符。

a. 选择第 2 张幻灯片中的一级文本。

b. 单击"开始"选项卡"段落"组中的"两端对齐"按钮。

c. 单击"开始"选项卡"段落"组中的"行距"按钮,在弹出的下拉列表中选择"行距选项"选项,弹出"段落"对话框。

d. 在"缩进与间距"选项卡"间距"选项组中,单击"行距"下拉按钮,在弹出的下拉列表中选择"多倍行距"选项,在"设置值"微调框中输入"1.2",单击"确定"按钮,将选择的文本设置为 1.2 倍行距,如图 5.8 所示。

e. 单击"开始"选项卡"段落"组中的"编号"下拉按钮,在弹出的下拉列表中选择"象形编号,宽句号"选项,如图 5.9 所示。

图 5.8 "段落"对话框

f. 选择第 3 张幻灯片中的一级文本,单击"开始"选项卡"段落"组中的"项目符号"下拉按钮,在弹出的下拉列表中选择"带填充效果的钻石型项目符号"选项,如图 5.10 所示。

图 5.9 设置段落符号

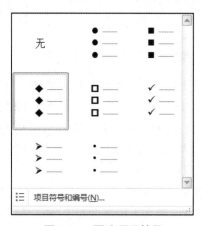

图 5.10 更改项目符号

g. 按照相同方法,设置其他文本的段落格式。

h. 制作完毕,单击"保存"按钮,完成整个演示文稿的制作。

图 5.11 "项目符号和编号"对话框

PowerPoint 2010 预设的项目符号只有 6 种,如果对这些项目符号都不满意,可以自定义项目符号,其步骤如下。

① 选择需要设置项目符号的段落。

② 单击"开始"选项卡"段落"组中的"项目符号"下拉按钮,在弹出的下拉列表中选择"项目符号和编号"选项,弹出"项目符号和编号"对话框,单击"自定义"按钮,如图 5.11 所示。

③ 弹出"符号"对话框,在"字体"下拉列表中选择符号类型,在符号列表中选择要使用的项目符号,单击

"确定"按钮,使用选择的符号作为项目符号,如图 5.12 所示。

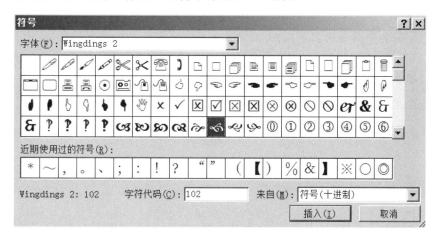

图 5.12 "符号"对话框

 相关知识

1. 占位符

顾名思义,占位符就是先占住一个固定的位置,让用户向其中添加内容,在幻灯片上,其表现为一个虚框。虚框内部往往有"单击此处添加标题"之类的提示语,一旦单击之后,提示语会自动消失。在自定义模板时,占位符能起到规划幻灯片结构的作用。PPT 的占位符共有 5 种类型,分别是标题占位符、文本占位符、数字占位符、日期占位符和页脚占位符,可在幻灯片中对占位符进行设置。

2. 幻灯片版式

幻灯片版式是幻灯片内容的布局结构,由占位符组成,不同的占位符中可以放置不同的对象。

3. 字体设计

文字是 PPT 最基本的组成元素之一,文字字体决定着一套演示文稿的精美度。因此选择一款好的字体,对于用户来说非常重要。字体的种类繁多,但大体上可分为衬线字体和非衬线字体。

衬线字体是一种艺术字体,每笔的起点和终点会有很多修饰效果,且笔画粗细有所不同,注重文字之间的搭配,代表字体有宋体、楷体、仿宋、行楷等。此类字体清秀润泽,具有亲和力,比较适用于讲述轻松话题的场合。

非衬线字体是指粗细相等,没有修饰,笔画简洁,很有冲击力,容易辨认的字体,代表字体有黑体、幼圆、雅黑等。因为此种字体比较严肃、庄重,所以比较适用于正式的工作报告、项目提案等场合。

在进行字体设计时,也应考虑场合和放映场景。若会场较大、观众较多,多采用非衬线字体,因为字的修饰过多会干扰文字的辨识。

不管使用哪种字体,在同一演示文稿中最好不要超过 3 种字体,否则会令观众眼花缭乱。

4. 段落设计

对于阅读型和介绍型的演示文稿,幻灯片中常常需要使用大量的文字,对于大量文字的排版来说,字与字之间、行与行之间、段与段之间常需要留出一定的间隔。一般演示文稿的字间距保持默认即可,行间距一般为 1.2~1.5 倍,段间距要比行间距大一些。

项目 5.2   完善大学生职业生涯规划报告

本任务在纯文本演示文稿的基础上,利用 PowerPoint 2010 自带的各种功能,对文本进行美化修饰,效果如图 5.13 所示。

图 5.13   完善后的"大学生职业生涯规划"演示文稿最终效果

任务 5.2.1   职业生涯规划报告的美化

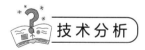 **技术分析**

① 插入图片。
② 插入艺术字。
③ 插入 SmartArt 图形。

职业规划报告
的美化

 任务实现

1. 插入图片

为了让演示文稿更加美观,经常需要在幻灯片中插入剪贴画和图片。剪贴画是由专业的美术家设计的,图片来源丰富,常用的格式有以下 4 种:

① JPG:其特点是图像色彩丰富,压缩率极高,节省存储空间,只是图片的精度固定,在放大时清晰度会降低。

② GIF:其特点是压缩率不高,相对 JPG 格式文件,图像色彩也不够丰富,但是一张图片可以存多张图像,可以用来做一些简单的动画。

③ PNG：一种较新的图像文件格式，其特点是图像清晰，背景一般为透明，文件也比较小。

④ AI：矢量图的一种，矢量图的基本特点是图像可以任意放大或缩小，但不影响其显示效果。

设置标题幻灯片的背景图片为"标题背景.jpg"，其他幻灯片背景图片设置为"正文背景.jpg"。在"目录"幻灯片中插入"述职.png"图片，效果如图5.14所示。

图5.14　插入图片后的"目录"幻灯片效果

① 打开演示文稿"大学生职业生涯规划.pptx"。

② 在第1张幻灯片中右击，在弹出的快捷菜单中选择"设置背景格式"命令，弹出"设置背景格式"的对话框，如图5.15所示。

图5.15　"设置背景格式"对话框

③ 选中"图片或纹理填充"单选按钮,单击"文件"按钮,选择要插入的图片"正文背景.jpg",单击"全部应用"按钮,将选择的图片应用到所有的幻灯片,单击"关闭"按钮,完成幻灯片背景设置。

④ 再次右击第1张幻灯片,按照相同的方法设置标题幻灯片的背景图片,不同的是在"设置背景格式"对话框中插入图片时,插入的是"标题背景.jpg"图片,且不要单击"全部应用"按钮,而直接单击"关闭"按钮,将选择的图片仅应用到第1张幻灯片中。

⑤ 切换到"目录"幻灯片,单击"插入"选项卡"图像"组中的"图片"按钮,弹出"插入图片"对话框,选择"演讲.png"图像,将该图像插入到当前幻灯片中。

⑥ 调整图片大小,并将图片移动到合适的位置,完成图像操作,最终效果如图5.13所示。

2. 插入艺术字

艺术字一般应用于幻灯片的标题和需要重点讲解的部分,但是在一张幻灯片中不宜添加太多艺术字,应视情况而定,添加太多反而会影响演示文稿的整体风格。

将第1张幻灯片的标题"大学生职业生涯规划"制作成艺术字,要求艺术字样式为"填充,红色,强调文字颜色2,粗糙棱台",文本填充颜色为"RGB(0,128,0)",如图5.16所示。

图5.16 "插入艺术字"

3. 插入SmartArt图形

SmartArt图形可用于表达信息或观点之间的相互关系,通过不同形式和布局的图形代替枯燥的文字。在PowerPoint 2010中常见的SmartArt图形包括列表、流程、循环、层次结构、关系等很多分类。

将第2张"目录"幻灯片中的目录用SmartArt图形中的"垂直曲形列表"表示,并使用"彩色范围,强调文字颜色2至3",效果如图5.13所示。

① 将"目录"幻灯片中的文本删除。

② 单击"插入"选项卡"插图"组中的"SmartArt"按钮,弹出"选择SmartArt"对话框。

③ 选择"列表"类别中的"垂直曲形列表"选项，单击"确定"按钮，插入 SmartArt 图形，如图 5.17 所示。

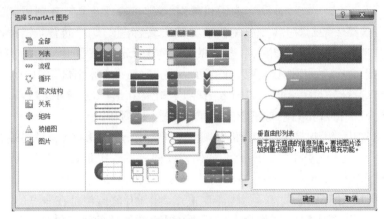

图 5.17 "选择 SmartArt 图形"对话框

④ 选择图形里面的第一个形状，单击"SmartAtr 工具|设计"选项卡"创建图形"组中的"添加形状"下拉按钮，在弹出的下拉列表中选择"在前面添加形状"选项，在图形中添加形状。按照相同的方式，再添加另外两个形状。

⑤ 右击图形中第一个形状，在弹出的快捷菜单中选择"编辑文字"命令，输入目录中的相应文本。按照相同的方式，为其他形状添加文本。

⑥ 选择图形，单击"SmartArt 工具设计"选项卡"SmartArt 样式"组中的"更改颜色"按钮，在弹出的"SmartArt 颜色"列表中选择"彩色范围，强调文字颜色 2 至 3"样式，为图形应用样式，如图 5.18 所示。

图 5.18 "SmartArt 颜色"列表

⑦ 调整和移动 SmartArt 图形的位置和大小。

PowerPoint 2010 提供的 SmartArt 图形类别有很多,选择合适的 SmartArt 图形,对于增强图形可视化效果和数据的说服力极其重要。

① 列表:通常用于显示无序信息。

② 流程:通常用于在流程或计划表中显示步骤。

③ 循环:通常用于显示连续的流程。

④ 层次结构:通常用于显示等级层次信息。

⑤ 关系:通常用于描绘多个信息之间的关系。

⑥ 矩阵:通常用于显示各部分如何和整体关联。

⑦ 棱锥图:通常用于显示与顶部或底部最大部分的比例关系。

⑧ 图片:通常用于居中显示以图片表示的观点,相关的文字观点显示在旁边。

选择 SmartArt 图形时,还要考虑文字量,因为文字量通常决定了所需图形中形状的个数。文字量太大或太小导致图形形状个数太多或太少,这样会分散 SmartArt 图形的视觉吸引力,使图形难以直观地传达信息。

任务 5.2.2　丰富职业生涯规划报告的内容

任务效果

对幻灯片的美化不仅仅是对文本的美化,还包括添加超链接、图表、声音等,可使幻灯片更加生动有趣和富有吸引力。

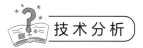

技术分析

① 添加超链接。

② 插入表格。

③ 插入图形。

④ 插入声音。

任务实现

1. 超链接

添加超链接

在演示文稿的放映过程中,如果需要从一张幻灯片跳转到另一张幻灯片,可以通过添加超链接来实现。

① 为"目录"幻灯片中的文本添加超链接,分别链接到同名标题所对应的幻灯片。

a. 在"目录"幻灯片中选择文本"工作内容"所在的图形。

b. 单击"插入"选项卡"链接"组中的"超链接"按钮,弹出"插入超链接"对话框。

c. 在"链接到:"选项组中选择"本文档中的位置"选项,在"请选择文档中的位置"列表中选择幻灯片标题为"一. 自我分析"。此时,在"幻灯片预览"区域显示了所选幻灯片的缩略图,单击"确定"按钮,插入超链接,如图 5.19 所示。

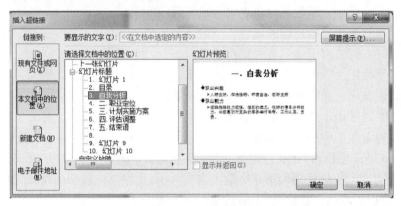

图 5.19 "插入超链接"对话框

d. 单击"幻灯片放映"按钮,观看放映效果。当鼠标指针经过"目录"幻灯片"一. 自我分析"所在的图形时,鼠标指针变成了小手的形状。单击该形状,幻灯片就跳转到标题为"一. 自我分析"的幻灯片中。

e. 用相同的方法为其他图形创建超链接,以便在放映的过程中可以通过超链接跳转到各标题所对应的幻灯片。

为文本、图片、图表等对象添加超链接的方法类似于为图形添加超链接的方法。

如果要编辑超链接,可以在超链接上右击,在弹出的快捷菜单中选择"打开超链接"命令,可以测试超链接的跳转情况;选择"编辑超链接"命令,可以弹出"编辑超链接"对话框,对超链接进行编辑;选择"取消超链接"命令,可以删除超链接。

在文本上添加超链接时,文本将按照主题指定的颜色显示。如果要改变默认的超链接文本颜色,可以单击"设计"选项卡"主题"组的"颜色"按钮,弹出"主题颜色"下拉列表,选择"新建主题颜色"选项,重新设置超链接文本的颜色。

② 如果在某个标题的幻灯片内容讲完后,返回"目录",选择另一个标题内容讲解,需要在幻灯片中添加返回目录功能,可在第 3～7 张幻灯片的底端添加一个自定义的"返回目录"按钮。

a. 选择第 3 张幻灯片。

b. 单击"插入"选项卡"插图"组中的"形状"按钮,弹出"形状"下拉列表。在底部的"动作按钮"类别中提供了多种动作按钮,这些按钮上的图形都是易理解的常用符号,将鼠标指针在按钮上暂停片刻,便会显示该按钮相应的含义。

c. 选择"动作按钮:自定义"选项,鼠标指针变为"十"形状,在幻灯片的右侧底端按住鼠标左键画出一个按钮形状,随即弹出"动作设置"对话框,选中"超链接到"单选按钮,单击相应的下拉按钮,在弹出的下拉列表中选择"幻灯片…"选项。

d. 在弹出的"超链接到幻灯片"对话框中,选择标题为"目录"的幻灯片,单击"确定"按钮,再单击"动作设置"对话框中的"确定"按钮,自定义按钮便添加到幻灯片中,如图5.20所示。

图5.20 设置动作按钮

e. 右击该按钮,在弹出的快捷菜单中选择"编辑文字"命令,在按钮图形上输入"返回目录"文本,以明确按钮的含义。

f. 复制按钮到其他幻灯片,完成超链接的添加操作。

在PowerPoint 2010中,除了可以链接到本文档中的幻灯片,还可以链接到新建文件、电子邮件、网页等对象。

2. 插入表格

在幻灯片中,有些信息或数据不能单纯用文字或图片来表示,在信息或数据比较繁多的情况下,可以用表格将数据分门别类地存放,使数据显得清晰。

在标题为"三. 计划实施方案"的幻灯片中添加表格,效果如图5.21所示。

① 选择标题为"三. 计划实施方案"的幻灯片。

② 单击"插入"选项卡"表格"组中的"表格"按钮,在弹出的下拉列表中选择"插入表格…"选项。

③ 在弹出的"插入表格"对话框中输入行数和列数,如图5.22所示。单击"确定"按钮,即插入一个4行3列的表格。

④ 参照图5.21输入表格内容,并适当地设置字符格式、段落格式;适当地调整行高和列宽;根据需要合并单元格。

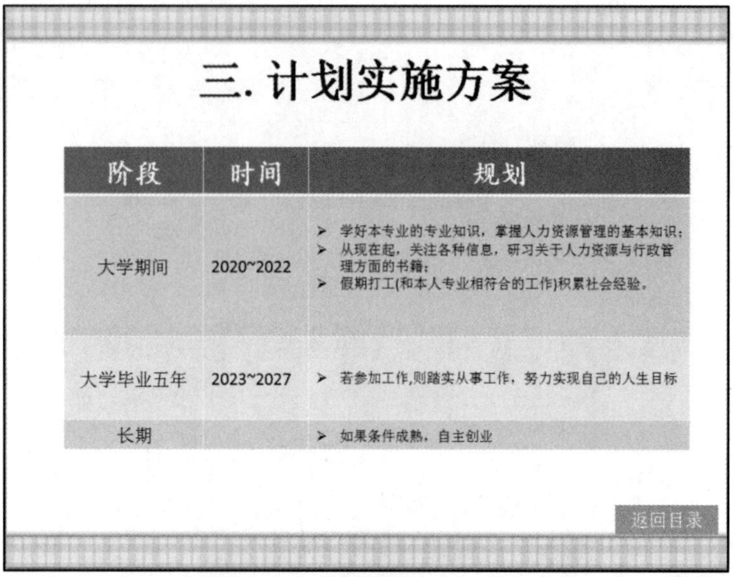

三. 计划实施方案

阶段	时间	规划
大学期间	2020~2022	➤ 学好本专业的专业知识，掌握人力资源管理的基本知识； ➤ 从现在起，关注各种信息，研习关于人力资源与行政管理方面的书籍； ➤ 假期打工(和本人专业相符合的工作)积累社会经验。
大学毕业五年	2023~2027	➤ 若参加工作，则踏实从事工作，努力实现自己的人生目标
长期		➤ 如果条件成熟，自主创业

返回目录

图 5.21　含有表格的幻灯片

图 5.22　"插入表格"对话框

⑤ 选择整个表格，在"表格工具设计"选项卡"表格样式"组中选择表格样式为"中度样式 2,强调 2"。

⑥ 单击"表格工具|布局"选项卡"对齐方式"组中的"垂直居中"按钮，将所有单元格内容的对齐方式设置为垂直居中；单击"居中"按钮，设置所有单元格内容水平对齐方式为居中。

⑦ 移动表格到合适的位置。

· 说明：

① 在 PowerPoint 2010 中编辑和美化表格的方式和在 Word、Excel 中相似。

② 在 PowerPoint 2010 中创建表格的方法有以下几种：

a. 通过"插入"选项卡"表格"组中的"表格"按钮。

b. 在带有"内容占位符"版式的幻灯片中单击"插入表格"按钮。

c. 复制其他程序（如 Word、Excel 等）创建的表格到幻灯片中，或通过 PowerPoint 2010 插入对象的功能将表格插入到幻灯片中。

3. 插入图形

PowerPoint 2010 提供了线条、几何形状、箭头、公式形状等图形，用户可以使用这些工具绘制出各种需要的图形。

在最后一张幻灯片中添加一个图形，效果如图 5.23 所示。

① 选择演示文稿中的最后一张幻灯片。

② 单击"插入"选项卡"插图"组中的"形状"按钮，在弹出的下拉列表中选择"基本形状"类别中的"太阳形"选项。

图 5.23　图形

③ 此时鼠标指针呈"＋"形状,按住 Shift 键绘制一个正太阳形。

④ 使用同样的方法再绘制一个笑脸,并移动该笑脸到太阳形状的正中心。

⑤ 同时选择太阳和笑脸图形,选择"绘图工具|格式"选项卡"形状样式"组中的"细微效果红色,强调颜色 2"样式,美化图形。

⑥ 再次选择两个图形,然后右击图形,在弹出的快捷菜单中选择"组合"命令,使两个图形组合成一个图形。

- 说明:

在选择绘制图形时,需要在选择绘制的图形上右击,在弹出的快捷菜单中选择"绘图模式"命令,可以连续绘制所选形状。

4. 插入声音

演示文稿并不是一个无声的世界,为了介绍幻灯片中的内容,可以在幻灯片中插入解说录音;同时,为了突出整个演示文稿的气氛,还可以为演示文稿添加背景音乐。

① 选择第 1 张幻灯片。

② 单击"插入"选项卡"媒体"组中的"音频"按钮,在弹出的下拉列表中选择"文件中的音频"选项,弹出"插入音频"对话框。

③ 选择需要播放的声音文件"背景音乐.mp3",单击"插入"按钮。

在第一张幻灯片中出现一个小喇叭图标,按 F5 键,播放幻灯片,此时音乐不会自动播放,需要单击小喇叭才能播放音乐,且放映到第 2 张幻灯片时声音停止播放,此时需要对音频对象进行编辑。

④ 选择音频对象,单击"音频工具|播放"选项卡"音频选项"组中的"开始"下拉按钮,在弹出的下拉列表中选择"跨幻灯片播放"选项,并选中"放映时隐藏"复选框,如图 5.24 所示。

图 5.24　设置音频

⑤ 由于是背景音乐,音量不能太大,因此需要调小音量。单击"音量"按钮,在弹出的下拉列表中选择"低"选项。

⑥ 保存演示文稿。

除了可以在幻灯片中插入音频文件外，还可以插入视频文件，其方法和插入音频文件的方法相似。

· 说明：

在幻灯片中不仅可以插入外部声音，还可以插入"联机音频"和"录音"。添加"联机音频"的方法和添加外部声音的方法一样，添加"录音"的方法如下：

① 单击"插入"选项卡"媒体"组中的"音频"按钮，在弹出的下拉列表中选择"录制音频"选项。

② 弹出"录音"对话框，在"名称"文本框中输入录音的名称，单击 ● 按钮，就可以开始通过麦克风进行录音了，如图5.25所示。

图 5.25 "录音"对话框

③ 在录制完后单击 ■ 按钮，停止录制，单击 ▶ 按钮可以播放刚录制的声音，确认无误后，单击"确定"按钮，即可将录音插入到幻灯片中。

 相关知识

超链接是指从一个对象指向另一个目标对象的连接关系，在PowerPoint 2010中，超链接本身可以是文本、图形、图片等对象，链接的目标对象可以是网页、幻灯片、文件或电子邮件地址等。

项目 5.3　我进博物馆讲文物

2019 年是中华人民共和国成立 70 周年。为隆重庆祝新中国华诞,营造爱国氛围、凝聚奋进力量,某市博物馆联合教体局举办"庆新中国华诞　讲好文物故事　弘扬优秀文化——我进博物馆讲文物"大赛。小董同学是一名在校大学生,他积极报名参加比赛。比赛要求参赛选手现场介绍一件博物馆珍藏的文物,并配以 PPT 演示。接下来小董同学要完成比赛PPT 的制作。

主要涉及以下问题:

① 如何选择合适的幻灯片主题风格、实现幻灯片快速配色。

② 如何插入并设置背景音乐。

③ 如何控制幻灯片的放映。

④ 如何打包并输出幻灯片。

任务 5.3.1　确定幻灯片主题风格

根据主题及应用场景来确定幻灯片风格,效果如图 5.26 所示:

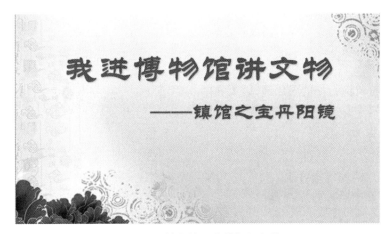

图 5.26　博物馆文物讲解幻灯片

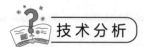

① 通过主题确定幻灯片风格，下载幻灯片模版。

② 根据已确定的幻灯片风格，搭配相应的字体。

③ 对幻灯片进行整体配色。

任务实现

1. 确定幻灯片风格

因是讲解文物，幻灯片背景须包含历史文化底蕴，所以我们确定幻灯片风格为中国风。

2. 如何下载幻灯片模板

推荐下载比较优秀的幻灯片模板，如登录稻壳、pptstore、yanj 等网站下载。如果想自己制作原创幻灯片，可以访问花瓣网以获取制作灵感。

确定幻灯片
主题风格

3. 下载相关字体

根据已经下载的中国风幻灯片，可配合相应的传统风格字体。如果电脑上没有安装相应字体，可以到相应的网站进行下载，并安装到电脑上。打开 PowerPoint 演示文稿就可以直接使用已安装的字体。

4. 幻灯片配色

幻灯片配色的目的是凸显内容的核心地位，而不是让色彩喧宾夺主。

任务 5.3.2　插入并设置背景音乐、图片、视频

根据主题插入相关背景图片等，效果如图 5.27 所示。

① 为幻灯片添加背景音乐。

② 在幻灯片中插入图片、视频。

图 5.27　博物馆文物讲解幻灯片

 任务实现

1. 在幻灯片中添加背景音乐

（1）保存演示文稿

单机窗口左上角"快速访问工具栏"中的"保存演示文稿"，命名为"我进博物馆讲文物.pptx"。平时操作时要注意及时保存文件。

（2）添加背景音乐

① 选择第一张幻灯片（"标题"幻灯片），在"插入"选项卡中，单击"媒体"组中的"音频"下拉按钮，在打开的下拉列表中选择"文件中的音频"选项，打开"插入音频"窗口，找到并选择素材库中的"春江花月夜.mp3"背景音乐文件，单击"插入"按钮。

插入并设置
背景音乐

② 在"音频工具"的"播放"选项卡中，单击"音频选项"组中的"开始"下拉按钮，在打开的下拉列表中选择"自动"选项，并选中"放映时隐藏""循环播放，直到停止"和"播完返回开头"复选框，如图 5.28 所示。

图 5.28　"播放"选项卡

③ 在"动画"选项卡中，单击"高级动画"组中的"动画窗格"按钮，打开"动画窗格"，右击"动画窗格"中的"声音"对象（春江花月夜.mp3），在弹出的快捷菜单中选择"动画效果"的命令，如图 5.29 所示。

④ 在打开的"播放音频"对话框的"效果"选项中，选择"在 9 张幻灯片后"停止播放，如

图 5.30 所示,单击"确定"按钮,再关闭"动画窗格"。

图 5.29 "动画窗格"　　　　　图 5.30 "播放音频"对话框

⑤ 拖动"喇叭"图标至第 1 张幻灯片的右上角位置,单击"播放"按钮,可试听声音播放效果,根据需要可调节播放音量。

2. 在幻灯片中插入图片、视频

(1) 在幻灯片中插入图片

① 选择"插入"选项卡,单击"图像"组中的"图片"按钮。在打开的"插入新图片"对话框中,从素材库中选择需要导入的图片。

② 然后单击"插入" 按钮,如图 5.31 所示。

插入图片和视频

图 5.31 "插入图片"对话框

(2) 在幻灯片中插入视频

① 选择第 5 张幻灯片,在"标题"占位符中输入标题内容"镇馆之宝——丹阳镜"。

② 选择"文件"→"选项"命令,打开"PowerPoint 选项"对话框,在左侧窗格中选择"自定义功能区"选项,在右侧窗格中选中"开发工具"复选框,如图 5.32 所示,单击"确定"按钮,此时在 PowerPoint 主窗口中显示"开发工具"选项卡。

图 5.32　"PowerPoint 选项"对话框

③ 在"开发工具"选项卡中,单击"控件"组中的"其他控件"按钮,如图 5.33 所示。

图 5.33　"开发工具"选项卡

④ 打开"其他控件"的对话框,拖动垂直滚动条至底部,然后选择其中的控件 Windows Media Player,如图 5.34 所示,单击"确定"按钮。

图 5.34　"其他控件"对话框

Windows Media Player 控件用于播放视频动画。

⑤ 此时鼠标指针变为"+"形状,拖动鼠标在幻灯片中央画出一个矩形框,该矩形框就是 Windows Media Player 控件的播放窗口,如图 5.35 所示。

图 5.35　Windows Media Player 控件的播放窗口

⑥ 右击该播放窗口,在弹出的快捷菜单中选择"属性"命令,打开"属性"窗口,在 URL 参数的右侧文本框中输入视频文件所在的实际路径,如"D:\计算机教材编写幻灯片部分\素材\电子屏幕.MP4",如图 5.36 所示,设置完成后关闭"属性"窗口。

属性	
WindowsMediaPlayer1 WindowsMediaPlayer	▼
按字母序　按分类序	
(名称)	WindowsMediaPlayer1
(自定义)	
enableContextMenu	True
enabled	True
fullScreen	False
Height	378.25
Left	70.25
stretchToFit	False
Top	95.625
uiMode	full
URL	D:\计算机教材编写幻灯片部分\素材
Visible	True
Width	515.75
windowlessVideo	False

图 5.36　"属性"窗口

如果设置 fullScreen 参数 True,则该视频播放时将全屏播放。

⑦ 在"幻灯片放映"选项卡中,单击"开始放映幻灯片"组中的"从当前幻灯片开始"按钮,可观看视频动画播放效果,双击视频动画对象可实现全屏播放。

不可见

任务 5.3.3　控制幻灯片的放映

任务效果

放映幻灯片时,有多种换片方式,如单击手动换片、每隔一定时间自动换片、排练计时自动换片等,还可以设置循环放映。

技术分析

① 如何设置幻灯片切换。
② 如何设置幻灯片放映。

控制幻灯片放映

任务实现

1. 设置幻灯片切换

① 在"切换"选项卡中,单击"切换到此幻灯片"组右侧的"其他"按钮,在打开的列表中选择"动态内容"区域中的"摩天轮"切换效果按钮。

② 单击"计时"组中的"全部应用"按钮,即把所有幻灯片的切换效果都设置为"摩天轮"效果,再选中"单击鼠标时"和"设置自动换片时间"复选框,并设置"设置自动换片时间"为5秒,如图5.37所示。

图 5.37　"计时"组

· 说明:

默认换片方式是单击手动换片,如果同时还设置了每隔5秒自动换片,则开始放映后,如果在5秒内单击可实现换片;否则到5秒时间时,会自动实现换片。

排练计时是另一种换片方式,它与每隔一定时间自动换片的方式略有不同,不同之处在于排练计时可以设置每张幻灯片具有不同的播放时间。

2. 设置幻灯片放映

① 在"幻灯片放映"选项卡中,单击"设置"组中的"排练计时"按钮,如图5.38所示,开始手动放映幻灯片,并出现如图5.39所示的"录制"窗口,该对话框中部的时间是指当前幻灯片已播放的时间,右侧的时间是指所有幻灯片已播放的总时间。手动放映完毕后,会提示

217

是否保留新的幻灯片排练时间，如图 5.40 所示。单击"是"按钮，则在下一次放映幻灯片时，可以按照每张幻灯片排练的时间自动换片（每张幻灯片播放的时间可能不同）。

图 5.38 "幻灯片放映"选项卡

图 5.39 "录制"窗口

图 5.40 是否保留新的幻灯片排练时间

② 还可以设置幻灯片是否循环放映。在"幻灯片放映"选项卡中，单击"设置"组中的"设置幻灯片放映"按钮，打开"设置放映方式"对话框，如图 5.41 所示。选中"循环放映，按ESC 键终止"复选框和"如果存在排练时间，则使用它"单选按钮，单击"确定"按钮。

③ 单击"开始放映幻灯片"组中的"从头开始"按钮 ，观看幻灯片播放效果。

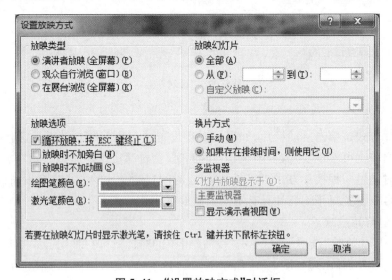

图 5.41 "设置放映方式"对话框

任务 5.3.4 打包并输出幻灯片

任务效果

"我进博物馆讲文物"幻灯片整体内容制作完毕后,一般保存为". pptx"格式的文件。如果保存为". ppsk"格式的文件,则不启用 PowerPoint 软件也可放映。一般情况下,幻灯片是在计算机中播放的,一般计算机中都安装了 PowerPoint 或者 PowerPoint Viewer 软件。然而有时会遇到计算机中尚未安装 PowerPoint 软件等情况,这样会出现幻灯片无法正常播放的问题。因此,为了解决上述问题,PowerPoint 提供了打包功能,打包后的文件包含了幻灯片中所使用的文字、音乐、视频等元素,可将演示文稿直接刻录成 CD 便于使用、携带和播放,无需 PowerPoint 软件的支持,通常一张光盘中可以存放一个或多个演示文稿。

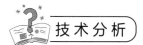

技术分析

① 如何将幻灯片保存为可直接播放的文件。

② 如何将幻灯片刻录成 CD。

打包并输出幻灯片

任务实现

1. 将幻灯片保存为可直接播放的文件

① 单击窗口左上角"快速访问工具栏"中的"保存"按钮 ,保存演示文稿(文件名为"我进博物馆讲文物. pptx")。

②选择"文件"→"另存为"命令,打开"另存为"窗口,选择"保存类型"为"PowerPoint 放映(＊. ppsx)",单击"保存"按钮,然后关闭 PowerPoint 软件。

③ 双击刚保存的"我进博物馆讲文物. ppsx"文件,不必启用 PowerPoint 软件即可观看播放效果。

2. 如何将幻灯片刻录成 CD

① 重新打开"我进博物馆讲文物. pptx"文件(不是"我进博物馆讲文物. ppsx"文件),然后选择"文件"→"保存并发送"命令,在中间窗格的"文件类型"区域中选择"将演示文稿打包成 CD"选项,再单击右侧窗格中的"打包成 CD"按钮,如图 5.42 所示。

② 在打开的"打包成 CD"对话框中,可命名 CD,如"我的演示文稿 CD",如图 5.43 所示。如果有多个演示文稿需要放在同一张 CD 中,则单击"添加"按钮,添加相关演示文稿文件。

③ 如果有更多设置要求,如设置密码,则单击如图 5.43 所示界面中的"选项"按钮,在打开的如图 5.44 所示的"选项"对话框中设置打开或修改每个演示文稿时所用的密码,再单击"确定"按钮。

图 5.42　将演示文稿打包成 CD

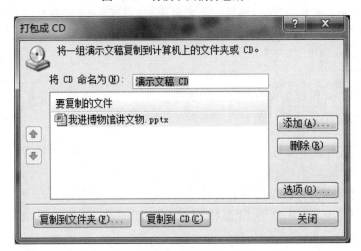

图 5.43　"打包成 CD"对话框

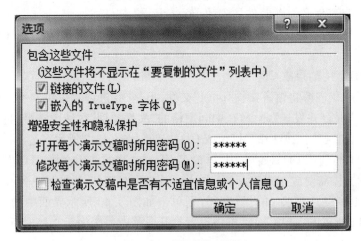

图 5.44　"选项"对话框

④ 将空白的 CD 刻录盘放入刻录机，最后单击图 5.43 所示界面中的"复制到 CD"按钮，这样就可刻录成演示文稿光盘。如果出现演示文稿光盘无法播放时，则单击 Download Viewer 按钮下载 PowerPoint Viewer 播放软件即可。

⑤ 在如图 5.43 所示的对话框中，单击"复制到文件夹"按钮，打开如图 5.45 所示的"复制到文件夹"对话框，指定文件夹名称和保存位置，将演示文稿保存到指定文件夹中作其他用途。

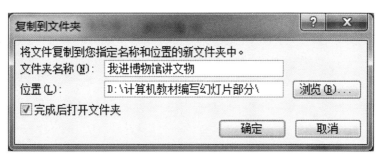

图 5.45 "复制到文件夹"对话框

⑥ 在如图 5.42 所示的界面中，还可以根据演示文稿创建 PDF/XPS 文档、创建视频、创建讲义等，请读者自己练习创建这些文件。

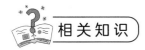 相关知识

　　幻灯片自动放映时，如果要求演示文稿中的各张幻灯片播放的时间互不相同，则利用 PowerPoint 的"排练计时"功能，可以帮助记录每张幻灯片的播放时间。此后，在自动放映时，就会按照排练时记录的每张幻灯片的播放时间进行自动放映。

学习情境 6　网络与Internet应用

项目 6.1　网络的接入

　　小王最近刚买了台计算机,他急切地想用这台计算机上网,可对计算机网络一无所知的他不知如何将计算机接入 Internet。于是打电话向电信部门申请开通网络。电信部门的李师傅来到小王家并与其充分沟通后,认为小王的主要需求如下:

①　计算机可以"畅游"Internet。

②　在家里创建无线网络以便智能手机等无线终端可以连接 Internet。

③　利用网络查询相关信息。

任务 6.1.1　连接 Internet

　任务效果

本任务将实现顺利访问 Internet,效果如图 6.1 所示。

图 6.1　访问 Internet

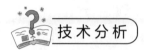

技术分析

李师傅告诉小王,把一台计算机接入 Internet 有多种方式。目前常用的有电话拨号接入、ADSL 接入、光纤接入、局域网接入、无线接入等方式,每种方式都有自己的特点,具体选择时还要考虑上网速度、上网费用等因素。经过一番协商后,小王决定利用光纤方式接入 Internet。

任务实现

1. 申请上网账号

为了区别不同的用户,中国电信为每一位上网用户分配一个用户 ID,以保证他们所提供的网络服务符合用户的支付费用标准。

2. 家庭通信线路连接网络运营商的网络设备

通常这一个步骤由网络运营商来完成,目前大多数城市小区都会在建设初期预留空间给网络运营商搭建自己的网络基础设施,用户可方便、及时地接入 Internet。

连接 Internet

3. 设置网络参数

为了更方便地让用户接入,网络运营商都会为用户提供 DHCP 服务,只需要保持网络适配器中的 TCP/IPv4 属性为自动获得 IP 地址即可,如图 6.2 所示。

图 6.2　设置网络参数

 相关知识

1. 计算机网络的定义

计算机网络就是将分布在不同地理位置、具有独立功能的多个计算机系统及其外部设备,利用通信手段和线路连接起来,按照特定的通信协议进行信息交互,实现资源共享和信息交换。

2. 计算机网络的主要功能

(1)资源共享

资源共享是指网络上的用户通过网络在一定的授权范围内共享网络中其他计算机系统提供的资源。这种资源包括软件和硬件两部分。软件部分如常见的程序、数据和文档,硬件部分如打印机、存储器等。

(2)数据通信

数据通信是计算机网络的基本功能,它使得网络中各计算机之间能相互传输各类信息,有利于对分布在不同地理位置的部门和机构进行集中管理与控制。

(3)分布式处理

分布式处理是指将一个复杂的、综合性的任务分解成多个小的任务,然后把这些小任务通过一定的调度策略分散到网络中相应的计算机系统中,由它们来协调运行并共同完成。这样可以充分发挥网络中各种资源的优势,提高运行效率,降低解决复杂问题的费用。

3. 计算机网络的分类

(1)按网络覆盖的地理范围分类

① 局域网(Local Area Network,LAN)。局域网是处于同一建筑、同一大学或者覆盖方圆几千平方米地域内的专用网络。局域网常被用于连接公司办公室或工厂里的个人计算机和工作站,以便共享资源(如打印机)和交换信息。

② 城域网(Metropolitan Area Network,MAN)。城域网基本上是一种大型的LAN,通常使用与LAN相似的技术。它可以覆盖一组邻近的公司办公室和一个城市,既可能是私有的也可能是公用的。MAN可以支持数据和声音,并且可能涉及当地的有线电视网。MAN仅使用一条或两条电缆,并且不包含交换单元。

③ 广域网(Wide Area Network,WAN)。广域网是在一个广泛地理范围内所建立的计算机通信网,其范围可以超越城市和国家以至全球,因而对通信的要求及复杂性都比较高。WAN由通信子网与资源子网两个部分组成:通信子网实际上是一个数据网,可以是一个专用网(交换网或非交换网)或一个公用网(交换网);资源子系统是联在网上的各种计算机终端、数据库等。这不仅指硬件,也包括软件和数据资源。

(2)按传输介质分类

按传输介质分类可分为同轴电缆网、双绞线网、光纤网、无线网。

(3)按网络的拓扑结构分类

网络的拓扑结构是指网络中通信线路和网络结点之间的几何排列形式,它反映网络中各实体间的结构关系。在计算机网络中,常用的网络拓扑结构有总线性结构、星型结构、环

型结构、树型结构、网状型结构。它们的形状如图 6.3 所示。

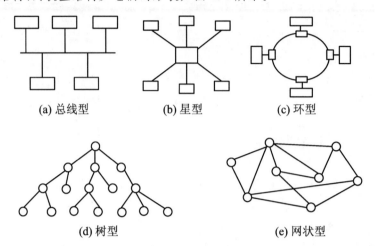

图 6.3　网络的拓扑结构

① 在总线型结构中,所有站通过合适的硬件直接接到一条线状传输介质(即总线)上,任何一个站发送的数据都在介质上传播并能被其他站接收。

② 在星型拓扑结构中,每个站由点到点链路连接到公共中心,任意两个站之间的通信均要通过公共中心,星型拓扑结构不允许两个站直接通信。因为所有通信都要通过中央节点,所以中心节点一般都比较复杂,各个站的通信处理负担比较小。中心节点可以是一个中继器,也可以是一个局域网交换器,发送数据的站以帧的形式进入中心节点,以帧中所包含的目的地址到达目的站点,实现了站间链路的简单通信。目前局域网系统中大部分采用星型拓扑结构,几乎取代了环型和总线型结构。

③ 在环型结构中,各节点通过通信线路组成闭合环型,环中数据沿一个方向传输。若有一个结点出现问题,将影响整个网络。环型结构是由一组转发器(repeater,又称中继器)通过点到点链路连接成封闭的环所构成的。因此,每个转发器连通两条链路。转发器是较简单的设备,它能接收一条链路上的数据,并以相同的速度(转发器中无需缓冲)将数据逐比特地发送到另一条链路上去,各条链路都是单向的,即数据仅沿一个方向传送,并且所有链路都顺次向一个方向传送。因此,数据是沿一个方向(顺时针或逆时针)绕环运行的。每个站在转发器处与网络连接,数据以帧来传送,每一帧包含被发送的数据和一些控制信息,包括所希望到达的目的站地址。对于大的数据块,发送站将其分成若干较小的块,并将每一小块用一帧来发送。一个站每当要发送下一帧时,都要等到下一个轮次,才可发送。由于发送的帧要通过其他的站,当此帧经过目的站时,该站就可识别其地址,并在本地缓冲器中复制该帧。此帧将继续环行,直至回到源发站,并在那里被除去。因为多个站共享一个环,为了确定每个站在什么时候可以插入数据包,就要对其进行控制。一般采用的是某种分布式控制方式,每个站都包含一定的控制发送和接收用的访问逻辑。

树型结构可以看成星型结构的扩展。在树型结构中,节点按层次进行连接,信息交换主要在上、下节点之间进行,相邻及同层节点之间一般不进行数据交换或数据交换量小。

在网状型结构中,各节点间的连接是任意的,没有规律。这种结构的优点是系统可靠性高,但结构复杂,实现成本高。实际使用的远程计算机网络基本上都采用这种结构。

4. 网络的组成

计算机网络的硬件系统通常由服务器、工作站、传输介质、网卡、集线器、交换机、中继器、路由器、调制解调器等组成。

（1）服务器

服务器（server）是网络运行、管理和提供服务的中枢,它影响网络的整体性能,一般在大型网络中采用大型机、中型机或小型机作为网络服务器;对于网点不多、网络通信量不大、数据安全要求不高的网络,可以选用高档机作为网络服务器。

服务器按提供的服务被冠以不同的名称,如数据库服务器、邮件服务器、打印服务器、WWW服务器、文件服务器等。

（2）工作站

工作站（workstation）也称客户机（client）,由服务器进行管理和提供服务的连入网络的任何计算机都属于工作站,其性能一般低于服务器。个人计算机接入 Internet 后,在获取 Internet 的服务的同时,其本身就成为一台 Internet 网上的工作站。

服务器或工作站中一般都安装了网络操作系统,网络操作系统除了具有通用操作系统的功能外,还具有网络支持功能,能管理整个网络的资源。常见的网络操作系统主要有 Windows NT、UNIX、Linux 等。

（3）传输介质

传输介质是网络中计算机和节点之间的物理通路,对网络数据通信质量有很大影响。目前常用的网络传输介质可分为有线（电缆）及无线两种,有线介质包括双绞线、同轴电缆、光纤等,无线介质包括微波、红外线、通信卫星等（如图6.4所示）。

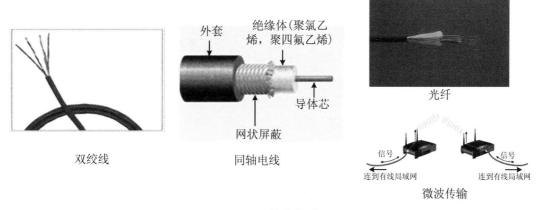

图6.4 传输介质

（4）网卡

网卡的正式名称是网络适配器,它是计算机局域网中最重要的连接设备,计算机主要通过网卡连接网络,它负责在计算机和网络之间实现双向数据传输。每块网卡均有不同的48位二进制网卡地址（MAC 地址）,如 00 - 23 - 5A - 69 - 7A - 3D（十六进制）。

（5）集线器

集线器（hub）是单一总线共享式设备，提供很多网络接口，负责将网络中多个计算机连在一起。所谓共享是指集线器所有端口共用一条数据总线，因此平均每个用户（端口）传递的数据量、速率等受活动用户（端口）总数量的限制。它的主要性能参数有总带宽、端口数、智能程度（是否支持网络管理、扩展性如何、可否级联和堆叠）等。

（6）交换机

交换机（switch）又称以太网交换机，外观和 hub 很相像，功能比 hub 强。它同样具备许多接口，提供多个网络节点互连。但它的性能却较共享集线器大为提高：相当于拥有多条总线，使各端口设备能独立地进行数据传递而不受其他端口设备的影响，表现在用户面前即是各端口有独立、固定的带宽。此外，交换机还具备集线器所没有的功能，如数据过滤、网络分段、广播控制等。

（7）中继器

在计算机网络中，信号在传输介质中传递时，由于传输介质的阻抗会使信号越来越弱，导致信号衰减失真，当网线的长度超过一定限度后，若想再继续传递下去，必须将信号整理放大，恢复成原来的强度和形状。中继器的主要功能就是将收到的信号重新整理，使其恢复到原来的波形和强度，然后继续传递下去，以实现更远距离的信号传输。

（8）路由器

广域网通信过程是根据 IP 地址来选择到达目的地的路径，这个过程在广域网中称为路由（routing）。路由器（router）负责在各段广域网和局域网间根据 IP 地址建立路由，将数据送到最终目的地。

5. 计算机网络的体系结构和协议

（1）计算机网络的体系结构

计算机网络是一个非常复杂的系统，为保证网络中相互通信的两个计算机系统能高度协调工作，在最初的 ARPA 网络设计时就采用了分层的方法。通过"分层"把庞大而复杂的问题转化成若干较小的局部问题，而这些较小的问题比较易于研究和处理。1974 年，美国的 IBM 公司发布了它研制的系统网络体系结构 SNA（system network architecture）。这是一个按分层的方法制定的网络标准。

为了使不同体系结构的计算机网络都能互联，国际标准化组织 ISO 于 1977 年成立了专门机构研究该问题，并提出了著名的开放系统互联参考模型 OSI/RM（open system inter-connection reference model），简称为 OSI，如图 6.5 所示。"开放"的意思是：只要遵循 OSI 标准，一个系统就可以和位于世界上任何地方的也遵循这同一标准的其他任何系统进行通信。

虽然 OSI 形成了整套的标准，但现今规模最大、覆盖全世界、起源于美国的计算机网络 Internet 并未采用 OSI 标准。Internet 也使用分层次的体系结构（通常称为 TCP/IP 协议族，简称为 TCP/IP），凡遵循 TCP/IP 的各种计算机网络都能相互通信。TCP/IP 已成为一个事实上的国际标准。TCP/IP 标准共分 4 层，即应用层、传输层（TCP、UDP）、网际层 IP 和网络接口层。OSI 参考模型与 TCP/IP 模型的比较如图 6.6 所示。

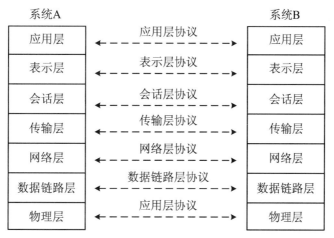

图 6.5　OSI 参考模型

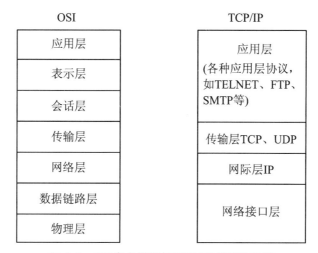

图 6.6　OSI 参考模型与 TCP/IP 模型的比较

（2）计算机网络协议

在计算机网络中为实现计算机之间的正确数据交换,必须制定一系列有关数据传输顺序、信息格式和信息内容等的规则、标准或约定,这些规则、标准或约定称为计算机网络协议（protocol）。计算机网络协议一般至少包括以下 3 个要素:

① 语义。语义用来解释控制信息每个部分的意义。它规定了需要发出何种控制信息,以及完成的动作与做出什么样的响应。

② 语法。语法用来规定用户数据与控制信息的结构或格式。

③ 时序。时序用来说明事件实现顺序。它也可称为同步或规则。

人们形象地把这 3 个要素描述为:语义表示要做什么,语法表示怎么做,时序表示做的顺序。

目前局域网中最常见的 3 个协议是 Microsoft 的 NetBEUI、Novell 的 IPX/SPX 和交叉平台 TCP/IP。

课后练习

选择题

1. 下列传输介质中,提供的带宽最大的是( )。

A. 双绞线　　　B. 普通电线　　　C. 同轴电缆　　　D. 光缆

2. 计算机网络是用通信线路把分散布置的多台独立计算机及专用外部设备互联,并配以相应的( )所构成的系统。

A. 系统软件　　B. 应用软件　　C. 网络软件　　D. 操作系统

3. 计算机网络的目的是( )。

A. 提高计算机运行速度　　　　　B. 连接多台计算机

C. 共享软、硬件和数据资源　　　D. 实现分布处理

4. 计算机网络按其覆盖的范围分类,可分为局域网和( )。

A. 城域网　　　B. 互联网　　　C. 广域网　　　D. 校园网

5. 计算机网络按其拓扑结构分类,可分为网状网、总线网、环型网、树型网和( )。

A. 星型网　　　B. 广播网　　　C. 电视网　　　D. 电话网

6. 计算机网络按其使用的网络操作系统分类,可分为 Windows NT(Windows 2000 Advance Server)网、NetWare 网和( )。

A. TCP/IP 网　　　　　　　　B. Unix(Linux)网

C. Windows 95/98 网　　　　　D. DEC Net 网

7. LAN 是( )。

A. 因特网的英文简称　　　　　B. 广域网的英文简称

C. 城域网的英文简称　　　　　D. 局域网的英文简称

8. 计算机网络资源共享主要是共享( )。

A. 工作站和服务器　　　　　　B. 软件资源、硬件资源和数据资源

C. 通信介质和节点设备　　　　D. 客户机和服务器

9. 网络中计算机之间的通信是通过( )实现的,它们是通信双方必须遵守的约定。

A. 网卡　　　B. 通信协议　　　C. 磁盘　　　D. 电话交换设备

10. OSI/RM 协议模型将计算机网络体系结构的通信协议规定为( )。

A. 5 层　　　B. 7 层　　　C. 3 层　　　D. 6 层

任务6.1.2 设置路由器组建家庭无线网

任务效果

在李师傅的帮助下,小王的智能手机可以连接家庭无线网了,再也不用担心手机上网耗费流量的问题了(图6.7)。

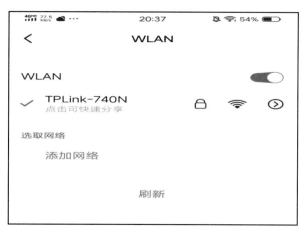

图6.7 连接无线Wi-Fi

技术分析

① 将无线路由器接入Internet。

② 通过设置路由器参数,让无线路由器实现从有线信号到无线信号的转换。

③ 设置密码,实现接入认证。

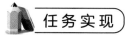

任务实现

设置无线路由器

(1) 以TPLink-WR740N为例,打开IE浏览器,在地址栏输入192.168.1.1,按回车键,弹出如图6.8所示的界面,输入登录凭据。

(2) 进入路由器界面,点击设置向导,点击"下一步"选择"PPPOE",点击"下一步",如图6.9所示。

(3) 进入如图6.10所示的界面,输入ADSL账号和口令,点击"下一步"。

(4) 弹出"无线设置"的界面,如图6.11所示,输入SSID信息,选择"WPA-PSK/WPA2-PSK"无线安全选项,输入PSK密码,点击"下一步"。

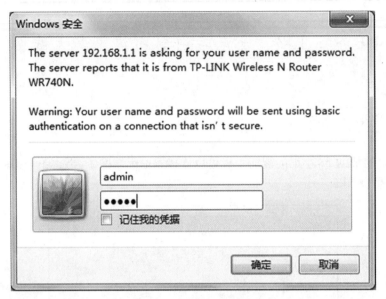

图 6.8　登录无线路由器

图 6.9　设置无线路由器的上网方式

（5）设置完成，如图 6.12 所示，单击"重启"，路由器将重新启动以使设置生效。

图 6.10　设置无线路由器的上网账号

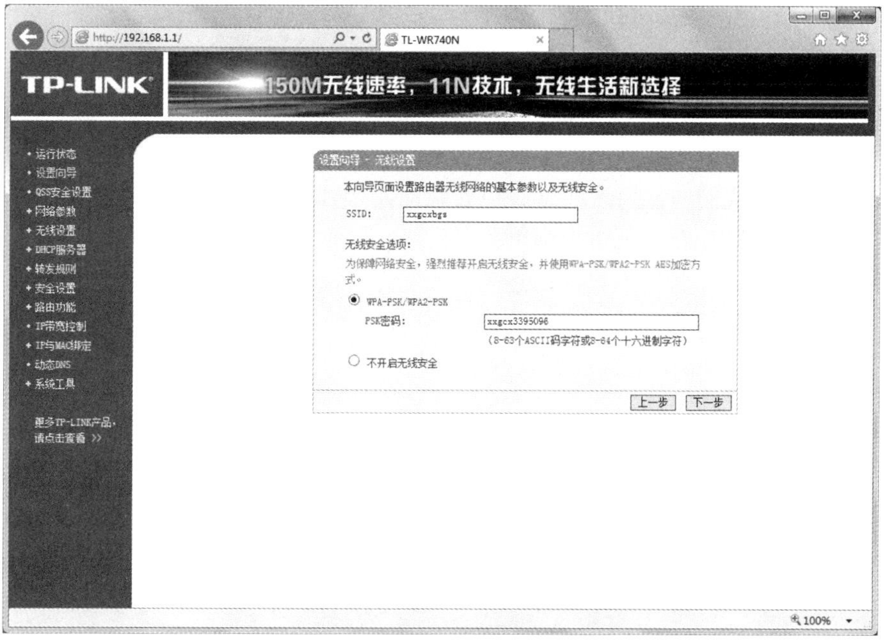

图 6.11　设置无线路由器的访问密码

图 6.12　无线路由器设置完成

 课后练习

选择题

1. 接入网就是我们通常所说的最后一公里的连接，即（　　）。

A. 本地交换局到用户之间的电话网

B. 用户终端设备与骨干网之间的连接

C. 整个有线电视网和电话网之间的连接

D. 本地接入设备到用户之间的有线电视网

2. 无线接入技术就是利用（　　）作为传输媒介向用户提供宽带接入服务。

A. 卫星通信技术　　　　　　　　B. 无线技术

C. 微波通信技术　　　　　　　　D. 远红外通信技术

项目 6.2　现代信息高速公路

信息高速公路是当今社会的热门话题,这一概念是 1992 年 2 月由美国总统乔治·布什最先提出的,即计划用 20 年时间,耗资 2 000 亿～4 000 亿美元,建设美国国家信息基础结构(NII),作为美国发展的重点和产业发展的基础。随着科技的发展,我国的信息化发展日新月异,它已经改变了人们的生活、工作和相互沟通的方式,在各行各业都产生了巨大的影响。

那么如何在当前已有的信息高速公路上畅通无阻呢? 如何利用这四通八达的高速网络为自己服务呢? 接下来要从小王的需求说起。

任务 6.2.1　利用网络查询信息

任务效果

经过电信部门李师傅的操作,小王家的计算机和手机都能上网了,他很快就利用自家的计算机上网查询了他关心的一些信息,比如一些大学的介绍信息、火车的车次信息等,如图 6.13 所示。

图 6.13　浏览网站

技术分析

要想在 Internet 上浏览查询信息，需要在计算机上安装一个浏览器才能利用 Internet 提供的 WWW 信息浏览服务功能，在网上查询并浏览信息。

目前，多数用户使用微软公司的 Windows 操作系统自带的 Internet Explorer 免费浏览器来上网浏览信息，也可以利用其他浏览器如"360 浏览器""爱易浏览器"等上网浏览信息。同时，可以利用 Internet 提供的"搜索引擎"在网上搜索到所需信息，现在很多知名网站都提供"搜索引擎"，其中最著名的网站有"百度"和"Google"。

任务实现

1. 利用 IE 浏览器浏览网站并保存自己喜爱的网页

信息高速公路

（1）启动 IE 浏览器

双击桌面上的"Internet Explorer"图标，或选择"开始"菜单→"程序" →"Internet Explorer"命令，或单击任务栏中央快速启动区中的 IE 图标启动 IE 浏览器。启动后的 IE 窗口如图 6.14 所示。

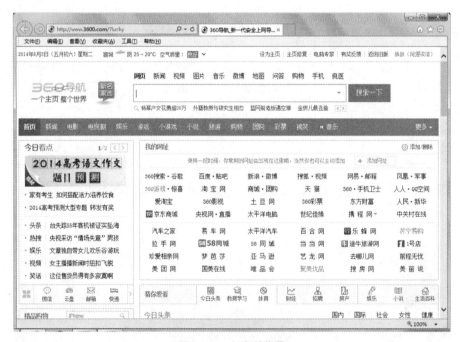

图 6.14　启动浏览器

（2）浏览搜狐网页

步骤 1：在 IE 的地址栏中输入网址"http://www.sohu.com"并按 Enter 键，即可链接到搜狐网的网站并打开主页，如图 6.15 所示。

步骤 2：主页上包括许多新闻标题和图片。将鼠标移动到感兴趣的新闻标题或图片上，

图 6.15　浏览搜狐网站

当鼠标指针变成小手形状时单击左键,即可链接到该新闻或图片所对应的网页,浏览详细内容。如单击"体育"标题,即可浏览体育新闻。

（3）跳转网页

步骤1:在 IE 地址栏中输入网址如"http://www.xcvtc.edu.cn"并按 Enter 键,或单击工具栏中的"刷新"按钮,即可打开宣城职业技术学院的主页,浏览该网站的内容,如图 6.16 所示。

图 6.16　浏览宣城职业技术学院网站

步骤2:若要返回到上一个页面,可单击工具栏中的"后退"按钮,重新回到原来的页面,若要进入下一页,则可单击工具栏上的"前进"按钮。

（4）保存网页

选择菜单"文件"→"另存为"命令,弹出"保存网页"对话框,如图 6.17 所示,选择相应选项并保存网页。

图 6.17　保存宣城职业技术学院网页

（5）收藏网页

选择菜单"收藏夹"→"添加到收藏夹"命令,将弹出"添加收藏"对话框,选择相应选项可以添加网页到收藏夹,如图 6.18 所示。

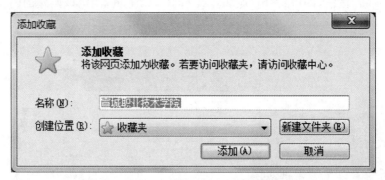

图 6.18　收藏宣城职业技术学网页

2. 利用"百度"搜索网上信息

（1）打开 IE 浏览器

步骤 1:在地址栏中输入网址"http://www.baidu.com"并按 Enter 键,打开百度网站的主页,如图 6.19 所示。

步骤 2:按关键字查询,在百度主页的文本框中输入所要查询信息的关键字,如"高职技能大赛"。

图 6.19　打开百度搜索网页

步骤3：单击"百度一下"按钮，即可打开一个网页，该网页上显示了与"高职技能大赛"的有关信息标题，如图6.20所示。如果用户对其中某条信息感兴趣，单击该标题即可浏览详细信息。

图 6.20　百度搜索

步骤4：按分类查询信息。在百度主页的导航条上选择"图片"，即可查询到与"图片"有关的信息。

相关知识

国际互联网又称因特网(Internet),是以 TCP/IP 协议为基础,把各个国家、各个部门、各个机构的网络互联起来的网络。Internet 将全球已有的各种通信网络,如市话交换网(PSTN)、数字数据网(DDN)、分组数据交换网等互联起来,构成一条贯通全球的"信息高速公路"。

(1) Internet 上的各种地址

① 物理地址。网络中的每台主机都有真实的 MAC 地址(物理地址),这是网卡制造商固化在网卡上的无法改变的地址码。为了保证能正确区分不同的网卡物理地址,每一个网卡的地址码都是全球唯一的。此外,网络技术和标准不同,其网络地址编码也不同,目前我们常用的以太网卡的物理地址采用 48 位二进制数编码,我们常用 6 个两位十六进制数表示一个网卡的物理地址,例如 0a-6c-35-4a-16-4d 就表示一个网卡的物理地址。

② IP 地址。根据 TCP/IP 协议,连接在 Internet 上的每个设备都必须有一个 IP 地址,它是一个 32 位的二进制数,可以用十进制数字形式书写,每 8 个二进制位为一组,用一个十进制数来表示,即 0~255。每组之间用.隔开,例如 168.192.43.10。

IP 地址包括网络号和主机号两部分,这样做是为了方便寻址。

IP 地址通常分为 A 类、B 类、C 类、D 类、E 类,如图 6.21 所示.

图 6.21 常用的几类 IP 地址

③ 域名地址。在 Internet 中,由于 IP 地址不直观,不方便记忆,因此 Internet 上的主机常使用便于记忆的名字来代替 IP 地址,这就是域名。域名就是对 IP 地址符号化,域名常采用层次化的结构,每一层构成一个子域名,子域名间用"·"分隔。典型的域名结构为(书写次序为从右至左):主机名.机构名.顶级域名,如:www. xcvtc. edu. cn。域名不区分字母大小写,由 INTERNIC(internet network information center)统一管理,该机构所选的最高层域划分如表 6.1 所示。

表 6.1　最高层 Internet 域及其含义

域　名	含　义
COM	商业组织
EDU	教育机构
GOV	政府机构
MIL	军队
NET	主要网络支持中心
ORG	其他组织机构
INT	国际组织
国家(地区)代码	每个国家或地区(按地理划分)

④ URL 地址。在 WWW 中使用 URL(uniform resource locator)定义资源所在地址。URL 称为统一资源定位器,即通常所说的"网址"。每一个资源文件无论以何种方式存放在何种服务器上,都有唯一的 URL 地址。通过统一资源定位器,可以访问 Internet 上任何一台主机或主机上的文件。URL 的一般格式为:

〈协议〉://〈主机名〉[:端口号]〈路径〉/〈文件名〉

例如:

http://www.tsinghua.edu.cn[:80]/docs/index.htm
协议　　主机名　端口名　路径　文件名

(2) Internet 的主要服务

① 电子邮件(E-mail)。电子邮件(Electronic Mail)是 Internet 用户使用最为广泛的服务功能之一。利用电子邮件不仅可以传送文本信息,还可以传送声音、图像等信息。用户要通过 Internet 发送或接收电子邮件,必须在相应网站的电子邮件服务器上拥有一个合法的电子邮箱,电子邮箱都对应有一个电子邮件地址,即 E-mail 地址,其格式如下:

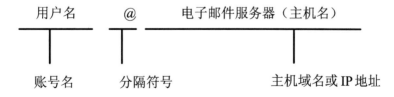

用户名　　　@　　　电子邮件服务器（主机名）
账号名　　分隔符号　　　主机域名或IP地址

其中,用户名:电子邮件账号名,对应邮件服务器中的用户信箱;@:分隔符号,读作"at",表示信箱在某邮件服务器上;电子邮件服务器:电子邮件服务器的主机域名或 IP 地址。

② 万维网(WWW)。WWW(World Wide Web,简称 Web 或 3W)即万维网,也称"环球

网",是一个把信息检索技术与超文本技术融合而形成的信息查询、发布系统。WWW 以超文本标记语言(hypertext markup language,HTML)与超文本传输协议(hyper text transfer protocol,HTTP)为基础,采用超文本的信息组织方式,将文本、图形、图像、声音、视频等多种媒体集成在一个页面上,并以可视化的界面提供信息,将信息之间的链接扩展到整个 Internet 上,因而它又是全球化的信息系统,是 Internet 信息服务的核心。Internet 用户可以通过本机的浏览器访问 Internet 上分布在世界各地的 WWW 服务器。

③ 搜索引擎。搜索引擎实际上是一个专用的 Web 服务器,或 Internet 上的一类网站,这类网站的主要工作是收集网络上成千上万的网站页面信息,组成庞大的索引数据库,用户使用关键词或关键词的简单逻辑组合对网页发出查询请求,搜索引擎使用关键词匹配方式在索引数据库中查找,然后显示含有该关键词的所有网站、网页等匹配信息。

目前,以中文搜索而著名的两个网站分别是"百度"(www.baidu.com)和"Google"(www.google.cn,又称为"谷歌")。Google 主页中还提供了英文版链接,为有英文搜索需求的用户提供了方便。

④ 文件传输(FTP)。FTP 是指一种文件传送协议,用于连接到 Internet 上的两台计算机之间文件的互传。使用 FTP 几乎可以传送任何类型的文件,如文本文件、二进制文件、图像文件、声音文件、压缩文件等。只要用户登录到某个 FTP 服务器,就可以把它当作自己远方的一个"大硬盘",其上的文件可以复制到自己的本地计算机上,称之为下载;如果对方允许,还可以把自己的文件传到对方的磁盘上,称之为上传。FTP 实现了不同结构的网络之间计算机与 FTP 服务器的双向文件传送。

⑤ 电子公告牌 BBS。BBS 是英文"bulletin board system"的缩写,意为电子公告牌。它是随着 Internet 的发展而出现并得到快速发展的信息服务系统,目前有许多学术的、商业的、业余的 BBS 站点,为网上用户提供了大量的信息。

目前流行的 BBS 服务器有两种运行模式:一种是远程登录模式,即用户以终端仿真方式(如 Telnet 程序)登录到 BBS 服务器上,所有的操作都在服务器上进行;另一种是大家比较熟悉的方式——Web 服务器的方式,用户可以直接利用 IE 浏览器访问 BBS 站点,网络上各种各样的论坛大多采用的都是这种方式,用户的绝大多数操作都是在用户本地机器上进行的,从而减轻了服务器的压力,提高了访问的效率。

⑥ 网上实时交流。在网络中,我们可以使用一些网络即时聊天工具和网络上的其他用户进行文字、语音甚至是视频聊天,既方便快捷又省钱。

此外,在 Internet 上我们还可以查看网络新闻、拨打 IP 电话、玩网络游戏等,Internet 能够提供的应用服务几乎涉及日常生活中的各个方面,给我们的生活带来了巨大的方便。

 课后练习

一、选择题

1. IP 地址常分为(　　)。

A. AB 两类　　　　　　　　　　　B. ABC 三类

C. ABCD 四类 　　　　　　　　D. ABCDE 五类

2. 因特网上的每台正式计算机用户都有一个独有的(　　　)。

A. Email 　　　　B. 协议 　　　　C. TCP/IP 　　　　D. IP 地址

3. 网络主机的 IP 地址由一个(　　　)的二进制数字组成。

A. 8 位 　　　　B. 16 位 　　　　C. 32 位 　　　　D. 64 位

4. 从 www. cernet. edu. cn 可以看出它是(　　　)。

A. 中国的一个政府组织站点 　　　　B. 中国的一个商业组织的站点

C. 中国的一个军事部门站点 　　　　D. 中国的一个教育机构的站点

5. WWW 即 World Wide Web 我们经常称它为(　　　)。

A. 因特网 　　　　　　　　　　B. 万维网

C. 综合服务数据网 　　　　　　　　D. 电子数据交换

6. 搜索引擎是一种因特网(　　　),它使用某种软件程序逐个访问因特网上的 Web 站点,以及其他信息服务系统。

A. 外部设备 　　B. 插件 　　　　C. 管理设备 　　　D. 信息查询工具

7. 下载文件,特别是下载一个较大的文件,下载速度和是否支持断点续传是大家关心的,IE 是目前最流行的 Web 浏览器,(　　　)。

A. 但不具备下载文件功能 　　　　B. 具备断点续传功能

C. 具备快速续传功能 　　　　　　D. 但不具备断点续传功能

8. IE 浏览器的默认主页是指打开浏览器时自动访问的 URL 地址,用户可根据需要将自己感兴趣的单位或个人主页或其他站点设置为默认主页,首先点击的是(　　　)。

A.“工具/显示相关站点” 　　　　B.“文件/属性”

C.“工具/Internet 选项” 　　　　D.“收藏/添加到收藏夹”

9. 设置防火墙后,(　　　)。

A. 外网不能访问内网 　　　　　　B. 部分信息可以绕过防火墙

C. 网络之间的全部信息都流经防火墙 D. 内网不能访问外网

10. 当电子邮件在发送过程中有误时,则(　　　)。

A. 自动把有误的邮件删除 　　　　B. 原邮件退回,并给出不能寄达的原因

C. 邮件将丢失 　　　　　　　　　D. 原邮件退回,但不给出不能寄达的原因

二、判断题

1. E-mail 是 Internet 的一个组成部分。(　　　)

2. 想加入 Internet 网络必须找到一个 Internet 服务提供者。(　　　)

3. test@lhw. com 是一个 E-mail 地址。(　　　)

4. Internet 网址既可用 IP 地址描述,也可用域名地址描述。(　　　)

5. 内置 MODEM 与外置 MODEM 的作用是相同的。(　　　)

6. IE 浏览器只能显示文本文件。(　　　)

7. 世界上每一个网站的网址都是唯一的。(　　　)

8. 电子邮件可以在 Outlook Express 中收发。(　　　)

9. http://www. test. org 是一个电子邮件地址。(　　　)

10. 一封电子邮件同时只可以向一个人发送。（　　）

11. 互联的含义是指两台计算机能相互通信。（　　）

12. 区分给定的 IP 地址是属于哪一类，可以通过其第一字段的十进制数来判断。（　　）

13. TCP 是属于 TCP/IP 模型中网际层的协议。（　　）

14. 代理服务器可以实现本地主机的计时和流量统计功能。（　　）

15. 发送电子邮件可以不知道收件人的 E-mail 地址。（　　）

三、简答题

1. 计算机网络有哪几种拓扑结构？分别有哪些优缺点？

2. 什么是网络协议？

3. TCP/IP 模型共分哪几层？

4. 简述 OSI 模型各层的主要功能。

5. Internet 的主要应用有哪些？

学习情境 7　常用工具软件的安装与使用

项目7.1　360安全卫士的安装与使用
项目7.2　360杀毒软件的安装与使用
项目7.3　压缩软件WinRAR的安装与使用
项目7.4　QQ影音的安装与使用
项目7.5　美图秀秀的安装与使用

项目 7.1 360 安全卫士的安装与使用

小王最近刚买了台计算机,有很多软件需要下载安装,他对计算机不太懂,也不知道该安装哪些软件,听说很多软件都能在因特网上下载,但又担心下载的软件带有病毒,为此他专门上网"百度"了一下,很多网友告诉他 360 安全卫士能很好地帮助他解决这个问题。

任务 7.1.1 安装与使用 360 安全卫士

使用 360 安全卫士可以快速安装软件,同时也能避免下载带有病毒的软件。对于没有安装 360 安全卫士的同学,应先下载并安装 360 安全卫士,如果已经安装则可以直接使用,其操作界面如图 7.1 所示:

图 7.1 360 安全卫士主界面

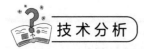

技术分析

360安全卫士是一款由奇虎360公司推出的功能强、效果好、受用户欢迎的安全杀毒软件。360安全卫士拥有查杀木马、清理插件、修复漏洞、电脑体检、电脑救援、保护隐私、电脑专家、清理垃圾、清理痕迹等多种功能,用户很容易掌握并使用。

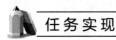

任务实现

使用步骤:

① 打开360安全卫士后,选择软件管家,进行软件的安装,如图7.2所示。

图7.2　360安全卫士软件管家

② 360软件管家界面出现后,选择你想要的软件进行下载、安装即可。可以同时点击多个软件进行下载,下载进度会在下方显示,也可以随时取消或暂停下载。在下载完成后,会自动弹出该软件的安装窗口,根据提示安装即可。软件安装成功后,360软件管家中会显示软件已安装的状态。

项目 7.2　360 杀毒软件的安装与使用

　　小龚是一家公司的营销人员,由于工作原因经常上网或者使用光盘等存储设备传递数据,最近他遇到一些奇怪的现象,比如电脑莫名其妙地变慢,打开网页后计算机会直接跳转到陌生的页面,硬盘里会出现一些自动生成的文件,甚至有些文件内容都被修改了,给他的工作带来很多麻烦,为此他专门请教了公司网络部的同事,同事告诉他一定是计算机中了病毒,如何才能消灭这些令人讨厌的计算机病毒呢?

任务 7.2.1　安装与使用 360 杀毒软件

 **任务效果**

　　同事告诉小龚可以使用 360 杀毒软件,它是一款永久免费、性能超强的杀毒软件。它和 360 安全卫士配合使用,被誉为安全上网的"黄金组合",可以为计算机提供全面保护,能够查杀几乎所有已知的计算机病毒。小龚立刻开始下载并使用 360 杀毒软件(图 7.3)。

图 7.3　360 杀毒软件主界面

 **技术分析**

　　360 杀毒软件具有强大的病毒扫描能力,除普通病毒、网络病毒、电子邮件病毒、木马病

毒之外，对于间谍软件、Rootkit 等恶意软件也有极为优秀的检测及修复能力。

 任务实现

1. 360 杀毒软件的下载和安装

① 登录 360 公司主页，将鼠标放在"下载 360 杀毒软件"上点击右键→另存为→将文件保存在你想保存的盘符上（如 D 盘）。

② 双击已下载并保存在电脑硬盘（如 D 盘）中的 360 杀毒软件的程序文件——"360sd.exe"，进行安装。

③ 界面出现"正在安装"，请稍后。

④ 点击"立即安装"，按提示完成安装，如图 7.4 所示。

图 7.4　安装界面

2. 360 杀毒软件的使用

① 360 杀毒软件首次安装并启动后，按"您还没有进行过全盘扫描，建议您对计算机进行一次全盘扫描"的提示，点击"全盘扫描"，扫描后按提示处理，如图 7.5 所示。

图 7.5　360 杀毒软件主界面

② 如果要插入 U 盘,需要先查看 U 盘有没有病毒,可以点击"指定位置扫描",勾选 U 盘,点击扫描,如图 7.6 所示。

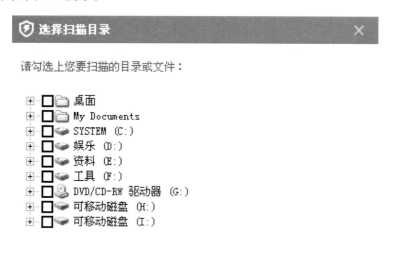

图 7.6　选择扫描目录对话框

可以勾选对话框左下角的"扫描完成自动处理并关机",使计算机自动查杀病毒,杀毒完成后自动关机,无需等待,如图 7.7、图 7.8 所示。

图 7.7　自定义扫描界面

图 7.8 扫面完成界面

③ 360 杀毒软件默认的是"实时保护",只要你一上网,它就会为计算机提供全面的保护。

项目 7.3 压缩软件 WinRAR 的安装与使用

小裴是某大学即将毕业的学生,最近忙着写毕业论文,和导师沟通大多使用邮件和 QQ,但在使用过程中,发送较大的文件时速度很慢,导师让她交的资料又很多,经常因漏发文件受到导师的批评,好几次小裴都委屈地流泪了。

任务 7.3.1 安装与使用压缩软件 WinRAR

使用压缩软件不仅可以减小文件的体积,还可以将一个文件夹的所有文件压缩成一个文件,便于网络传送和携带。文件之所以能够被压缩,是因为文件里的数据构成有一定的规律,用科学的方法存储,就能使文件体积减小。常见的文件压缩软件有 WinRAR(图 7.9)、WinZip 等。

图 7.9 WinRAR 主界面

技术分析

WinRAR 是目前流行的压缩工具,界面友好,使用方便,在压缩率和速度方面都有很好的表现。其压缩率高,采用了先进的压缩算法,是压缩率较大、压缩速度较快的压缩软件之一。WinRAR 在 DOS 时代就一直具备这种优势,经过多次试验证明,WinRAR 的 RAR 格式的压缩率一般要比 WinZIP 的 ZIP 格式高出 10%～30%。WinRAR 能解压多数压缩格式,且不需外挂程序支持就可直接解压和建立 ZIP 格式的压缩文件,所以我们不必担心离开了 WinZIP 如何处理 ZIP 格式的问题。

任务实现

1. 解压缩文件

使用压缩软件可以解压文件,大多数文件是经过压缩后传送的。获得压缩文件后,就可以对其进行解压的操作,解压缩文件通常使用以下 3 种方法:

(1) 解压到当前文件夹

右键单击压缩文件,在弹出的菜单中选择"解压到当前文件夹"菜单项,把文件解压到当前位置,如图 7.10 所示。

(2) 解压到指定位置

右键单击压缩文件,在弹出的菜单中选择"解压到文件(夹)名\(E)"菜单项,把文件解压到一个新的文件夹中,文件夹的名称就是压缩文件名,当压缩文件中有多个文件(夹)时,此种方法比较适合,如图 7.11 所示。

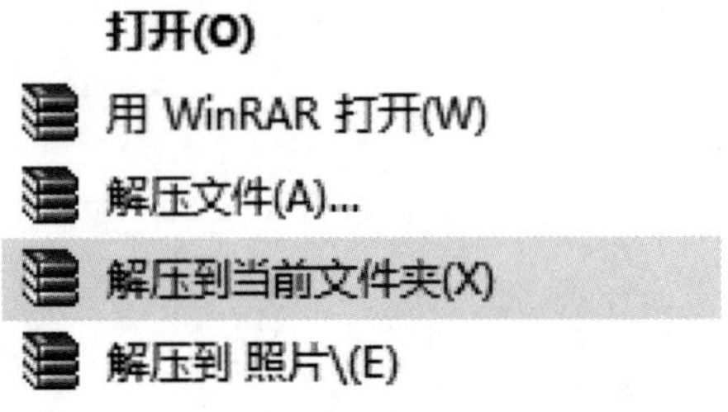

打开(O)

用 WinRAR 打开(W)

解压文件(A)...

解压到当前文件夹(X)

解压到 照片\(E)

图 7.10　解压到当前文件夹

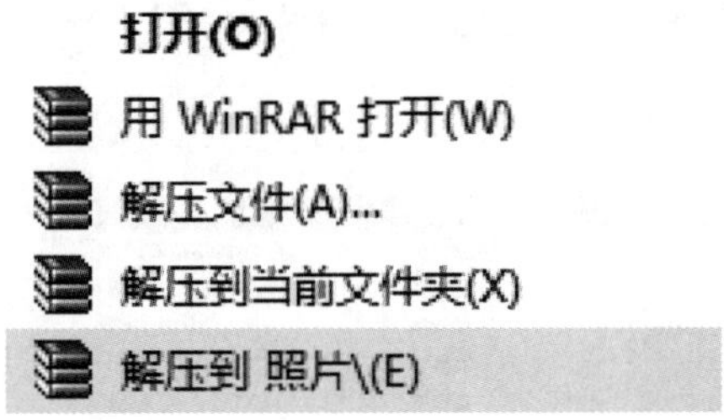

打开(O)

用 WinRAR 打开(W)

解压文件(A)...

解压到当前文件夹(X)

解压到 照片\(E)

图 7.11　解压到指定位置

(3) 自定义解压

右键单击压缩文件,在弹出的菜单中选择"解压文件(A)…"菜单项;这时候会弹出"解压缩路径和选项"对话框,如图 7.12 所示,可以选择解压的位置,然后点击"确定"按钮,也可以在目标路径的后面输入新的名字。

图 7.12 "解压缩路径和选项"对话框

2. 压缩文件

（1）直接压缩

选择要压缩的文件或文件夹，单击右键，在弹出的菜单中选择"添加到文件（夹）名.rar"菜单项，这时就会把该文件压缩到当前文件夹中，并以文件或文件夹的名字直接命名，如图7.13 所示。

（2）自定义压缩

选择要压缩的文件或文件夹，单击右键，在弹出的菜单中选择"添加到压缩文件…"菜单项，如图 7.14 所示，这时就会出现一个"压缩文件名和参数"对话框，如图 7.15 所示，此时可以根据自己的需要设置压缩文件名、文件格式、压缩方式等一系列参数。

图 7.13 直接压缩   图 7.14 自定义压缩

（3）自解压压缩

当别人的计算机中没有安装压缩软件时，这样压缩包就不能被解压，可以在压缩的时候勾上"创建自解压格式压缩文件"，这样压缩后的文件是一个可执行文件，即使其他计算机没有安装 WinRAR 软件也可以解压,此时文件扩展名为. exe,双击运行后可以自行解压,具体设置如图 7.16 所示。

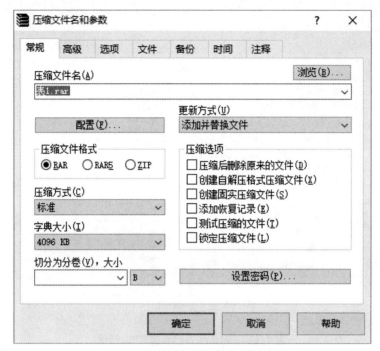

图 7.15　"压缩文件名和参数"对话框

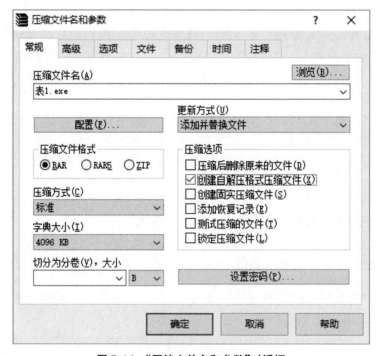

图 7.16　"压缩文件名和参数"对话框

（4）加密压缩

使用压缩软件 WinRAR 还可以对自认为需要保密的文件进行加密，设定密码后，打开文件时会提示输入密码。具体操作步骤如下：

① 右键单击要压缩的文件，在弹出的菜单中选择"添加到压缩文件…"菜单项。

② 在弹出的对话框上边选择"常规"选项卡。

③ 单击右下角的"设置密码…"按钮，如图 7.17 所示。

图 7.17 "输入密码"对话框

④ 在密码框中输入密码，根据提示再次输入密码进行确认，两次输入的密码必须一致。

⑤ 解压带密码的文件时，会提示输入密码，输入正确密码后方可正常解压，否则会提示失败。

项目 7.4　QQ影音的安装与使用

高考过后是很多寒窗苦读十余年的高三学生最放松的日子，小芳也不例外，她最喜欢看电影、听音乐，平时只是偶尔在电视上看看，高考后她向同学借了很多高清电影光盘，还下载了很多最近比较火爆的电影和音乐，可她发现很多电影使用电脑自带的播放器播放不了。她听同学说QQ影音功能较为强大，能够顺利播放很多模式的视听文件。

任务 7.4.1　安装与使用 QQ 影音

 任务效果

QQ影音是由腾讯公司推出的一款支持多种格式影片和音乐文件的本地播放器，无论是播放电影还是播放音乐，都非常顺畅，如图7.18所示。

图 7.18　QQ 影音主界面

 技术分析

　　QQ影音首创轻量级多播放内核技术,深入挖掘和发挥新一代显卡的硬件加速能力,追求更小、更快、更流畅的视听享受,操作也很简单,用户使用起来较为方便。

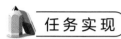 任务实现

1. 软件安装

下载软件后双击安装包出现安装界面即可开始安装,如图 7.19 所示。

图 7.19　QQ影音安装向导

点击"下一步",出现如图 7.20 所示界面。

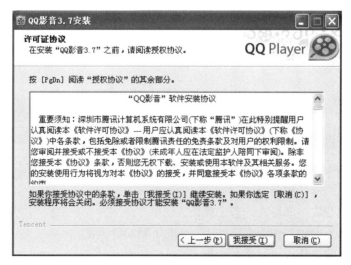

图 7.20　QQ影音安装协议

点击"我接受",按提示即可完成安装。

2. 基本播放功能

QQ影音可以播放多种格式的视频文件,如遇到不能播放的视频,QQ影音也会自动下载解码器,下载后即可播放。

(1)播放视频文件

点击软件界面中间的"打开文件",选择你所需要播放的视频文件,选中之后再点"确定",如图7.21所示。

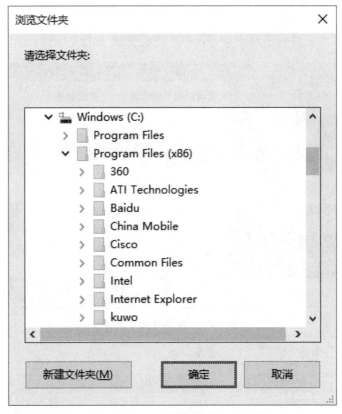

图7.21 选择文件

(2)播放光盘

把光盘放入光驱中,然后打开QQ影音,点击右上角按钮选择"播放光盘"即可,如图7.22所示。

3. 常用辅助功能

点击右下角扳手图标,会出现若干个小功能,如图7.23所示。

① 截图:截取当前播放画面。

② 连拍:随机截取整部影片的若干画面。

③ 动画:截取一段视频作为GIF图片,可以用做QQ表情。

④ 截取:单独截取某段视频或者音频。

⑤ 转码:转换视频的格式,比如将RMVB转成MP4等。

⑥ 压缩：改变视频的参数，调整视频体积。

⑦ 合并：合并 2 个视频，或者合并视频和音频。

⑧ 列表：播放列表管理，可以看到自己的播放记录。

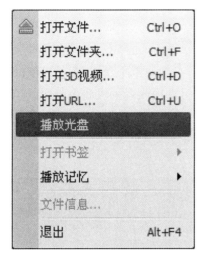

图 7.22　播放光盘

图 7.23　QQ影音工具箱

项目 7.5 美图秀秀的安装与使用

2020年新学期,由于受新冠病毒疫情的影响,全国的中小学生都延迟开学,教育部发出了"停课不停学"的倡议,中小学生在家里可以通过电视或者手机和电脑在线学习。课后老师都要求学生将作业拍照发给老师批改,但是由于需要拍照的图片比较多,老师要求学生将图片拼接成一张图之后再上交,老师推荐使用美图秀秀来拼图。

任务 7.5.1 安装与使用美图秀秀

美图秀秀功能强大,只需使用其拼图功能即可轻松实现多张图片的拼接,效果如图7.24所示。

图 7.24 拼图

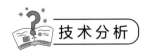

美图秀秀是由厦门美图科技有限公司研发、推出的一款免费的图片处理软件,具有图片特效、美容、拼图、场景、边框、饰品等功能。

任务实现

美图秀秀的安装与使用步骤如下：

① 打开 360 安全卫士后，选择软件管家，搜索美图秀秀，点击下载安装，如图 7.25 所示。

图 7.25　美图秀秀安装界面

② 安装完毕后打开美图秀秀，如图 7.26 所示。

图 7.26　美图秀秀主界面

③ 选择"拼图"菜单，如图 7.27 所示。

图 7.27　拼图界面

④ 选择所需要的拼图方式,有自由拼图、模板拼图、海报拼图和图片拼接四种方式,如图 7.28 所示。

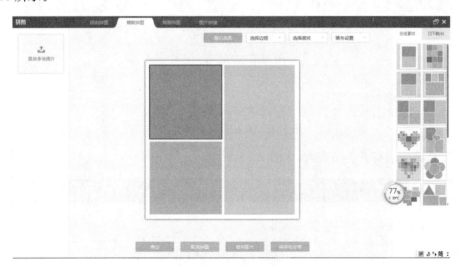

图 7.28　选择拼图样式

⑤ 添加所要拼接的原始图片,然后点击"确定"即可完成拼图,如图 7.29 所示。

图 7.29　添加拼图图片

课后练习

实训一:杀毒软件的安装与使用

要求:1. 下载360杀毒软件并安装。

　　　2. 更新病毒库。

　　　3. 使用全盘杀毒,并设置杀毒完成后自动关机。

实训二:计算机优化管理

要求:1. 下载360安全卫士并安装。

　　　2. 对计算机进行体检。

　　　3. 优化加速计算机。

　　　4. 卸载不常用的软件。

实训三:常用软件综合实训

要求:1. 利用360安全卫士下载美图秀秀软件,然后将文件压缩并通过QQ邮箱发给自己,以备以后处理图片时使用。

　　　2. 下载解压缩软件WinRAR,并将你手机里的图片复制到电脑里压缩保存。